David Mobolaji

Resiliência dos agregados familiares ao défice de infra-estruturas em Ogbomoso, Nigéria

David Mobolaji

Resiliência dos agregados familiares ao défice de infra-estruturas em Ogbomoso, Nigéria

ScienciaScripts

Imprint
Any brand names and product names mentioned in this book are subject to trademark, brand or patent protection and are trademarks or registered trademarks of their respective holders. The use of brand names, product names, common names, trade names, product descriptions etc. even without a particular marking in this work is in no way to be construed to mean that such names may be regarded as unrestricted in respect of trademark and brand protection legislation and could thus be used by anyone.

Cover image: www.ingimage.com

This book is a translation from the original published under ISBN 978-620-7-46449-4.

Publisher:
Sciencia Scripts
is a trademark of
Dodo Books Indian Ocean Ltd. and OmniScriptum S.R.L publishing group

120 High Road, East Finchley, London, N2 9ED, United Kingdom
Str. Armeneasca 28/1, office 1, Chisinau MD-2012, Republic of Moldova, Europe
Printed at: see last page
ISBN: 978-620-7-76803-5

Conteúdo

RESUMO

Este estudo examinou as características socioeconómicas dos chefes de família em Ogbomoso; avaliou o nível e o impacto do défice de infra-estruturas domésticas na área de estudo; examinou o nível de capacidade das famílias para absorver, adaptar-se e transformar-se do impacto do défice de infra-estruturas na área de estudo; e determinou os factores que influenciam a resiliência das famílias ao défice de infra-estruturas na área de estudo. O objetivo era fornecer informações que pudessem orientar a formulação de políticas para um planeamento adequado das infra-estruturas domésticas na área de estudo.

Os dados para o estudo foram obtidos a partir de fontes primárias e secundárias. Os dados primários foram recolhidos através da administração de um questionário aos residentes da área de estudo. Utilizando um processo de amostragem em várias fases, as zonas residenciais de Ogbomoso foram estratificadas em zonas de desenvolvimento centrais, de transição e suburbanas. Devido à homogeneidade das áreas em cada zona, foi selecionada aleatoriamente uma área em cada zona, o que levou à seleção de seis áreas residenciais. Para a administração do questionário, foi identificado um total de 2229 edifícios residenciais nas áreas seleccionadas, incluindo 898, 724 e 607 edifícios nas zonas de desenvolvimento central, de transição e suburbana, respetivamente. Com base na seleção de cada 10º edifício, foi selecionado um total de 221 edifícios, dos quais 221 chefes de família foram incluídos na amostra do estudo. Isto incluiu 89, 72 e 60 inquiridos nas zonas central, de transição e suburbana, respetivamente. Os dados recolhidos foram analisados com recurso a estatísticas descritivas e inferenciais.

Os resultados sobre as características socioeconómicas dos chefes de família revelaram que a maioria era do sexo masculino (62,8%), casada (82,8%) e com um mínimo de educação secundária (81,2%). Além disso, 74,6% dos inquiridos tinham mais de 40 anos e 48,5% deles ganhavam, no mínimo, N100 000 por mês. Estas conclusões indicam que as características socioeconómicas variam entre as zonas de desenvolvimento. Quanto ao nível e ao impacto do défice de infra-estruturas, os resultados revelaram que 30,3% dos agregados familiares não têm acesso a abastecimento de água nas suas casas, sendo a proporção mais elevada na zona central (53,9%). Além disso, mais de um terço dos agregados familiares (38,9%) não tinha casa de banho nas suas casas. Para além da variação no nível de défice de infra-estruturas nas zonas de desenvolvimento, houve variação no nível de impacto do défice de infra-estruturas nos agregados familiares com Índices de Impacto Relativo [RII] de 3,01, 3,14 e 2,29 para as zonas central, de transição e suburbana, respetivamente. Outras conclusões sobre a resiliência dos agregados familiares ao défice de infra-estruturas revelaram que o nível de capacidade dos agregados familiares para absorver, adaptar-se e transformar-se do impacto do défice de infra-estruturas variou entre as zonas de desenvolvimento. O nível de capacidade de absorção e de transformação foi mais elevado na zona suburbana do que nas outras zonas; e o nível de capacidade de adaptação foi mais elevado na zona central do que na zona de transição. Os resultados também revelaram que 22,7% dos factores que influenciam a resiliência dos agregados familiares ao défice de infra-estruturas foram previstos pelas características socioeconómicas dos chefes de família, enquanto 7,2% foram previstos pelo nível e impacto do défice de infra-estruturas dos agregados familiares na área de estudo.

O estudo concluiu que o nível de resistência dos agregados familiares ao défice de infra-estruturas, que é influenciado pelas características socioeconómicas dos agregados familiares e pelo nível e impacto do défice de infra-estruturas, aumenta à medida que aumenta a distância entre a zona central de desenvolvimento e a zona suburbana.

CAPÍTULO 1

INTRODUÇÃO

1.1 Antecedentes do estudo

As cidades dos países em desenvolvimento, incluindo a Nigéria, debatem-se com infra-estruturas inadequadas para acomodar o aumento da população urbana (Daramola, 2012; Banco Mundial, 2015). Este é um efeito resultante de um declínio constante das despesas públicas com infra-estruturas, combinado com um aumento constante do custo de construção de infra-estruturas adicionais (National Bureau of Statistics [NBS], 2009; UN-Habitat, 2013; NBS, 2021). Esta experiência conduziu a uma deficiência de infra-estruturas que abranda continuamente o ritmo do desenvolvimento urbano e produziu uma variedade de estrangulamentos nos vários segmentos dos centros urbanos. Isto porque a infraestrutura é um guarda-chuva para muitas actividades relacionadas com as dimensões sociais, económicas e físicas da vida urbana (Banco Mundial, 2004; UN-Habitat, 2014). A negligência na provisão adequada de infra-estruturas é um impedimento ao desenvolvimento sustentável.

Infraestrutura refere-se a um sistema de instalações, utilidades e serviços que apoiam as atividades urbanas (Fulmer, 2009) De acordo com Akintola (2011), a infraestrutura compreende os componentes físicos de sistemas inter-relacionados que fornecem serviços essenciais para permitir, sustentar e melhorar a condição de vida das pessoas em uma comunidade. Ao nível do agregado familiar, as infra-estruturas referem-se a instalações e serviços que são criados para alcançar a produção, a eficiência, a estabilidade e o desenvolvimento global de um agregado familiar (Yoade, 2019). Inclui o abastecimento de água, o saneamento, a recolha de resíduos sólidos e a energia doméstica. O acesso a estes serviços a um nível adequado é necessário para o funcionamento efetivo e eficiente de uma casa. A presença de infra-estruturas em qualquer casa tem um impacto significativo no nível geral de vida e no bem-estar socioeconómico dos residentes (Sulivan & Sheffrin, 2003). Consequentemente, as infra-estruturas domésticas favorecem o crescimento humano, melhoram o nível de vida, reduzem a pobreza e contribuem para a sustentabilidade ambiental. No entanto, muitos residentes urbanos ainda não têm acesso a infra-estruturas básicas, especialmente a nível doméstico (Dabiri, 2019). Como opinaram Daramola e Olawuni (2017), sempre que os residentes não têm acesso adequado a estas infra-estruturas a nível do agregado familiar, a experiência constitui um défice de infra-estruturas que é o empobrecimento dos membros do agregado familiar.

O défice de infra-estruturas refere-se a um desequilíbrio entre a procura e a disponibilidade de infra-estruturas que emana de um excesso de procura em relação à oferta dos serviços (Infrastructure Development Finance Company Limited, 2006; Owolabi, 2017). É a provisão insuficiente de infra-estruturas de forma adequada para o benefício dos residentes. Além disso, é um problema que se manifesta quando o elemento de infraestrutura do residente não é satisfeito quantitativa e qualitativamente com base na falta de provisão adequada de infraestrutura de forma sustentável, tanto ao nível do agregado familiar como do bairro (Olatubara & Fatoye, 2006; Ola & Adewale, 2014). Neste estudo, o défice de infra-estruturas é definido operacionalmente como a lacuna criada na disponibilidade de infra-estruturas para responder às expectativas e alcançar a satisfação dos residentes num determinado ambiente habitacional.

Estudos têm afirmado a existência de um défice de infra-estruturas domésticas em muitas cidades de países em desenvolvimento (OMS 2003; Daramola, 2012; Banco Mundial, 2015).

O défice de infra-estruturas manifesta-se em termos de acesso inadequado ao abastecimento de água, ao saneamento, à recolha de resíduos sólidos e ao consumo doméstico de energia. Essencialmente, as normas mínimas de acesso às infra-estruturas e a sua adequação estão bem documentadas (Commonwealth of Australia, 2012; International Energy Agency, 2014). De acordo com a OMS (2003) e a UNICEF (2015), o acesso a água boa, segura e potável deve ser feito dentro de casa através de múltiplas torneiras de forma contínua. O abastecimento de água deve ser efectuado a partir de um sistema de água canalizada, de um fontanário público e de um furo. Para o saneamento, deve haver pelo menos uma casa de banho com descarga de água em cada casa, um lavatório na casa de banho com instalações para a higiene pessoal - água quente, uma banheira e um chuveiro (African Water Development Report, 2006). Na mesma linha, deve haver um serviço municipal de recolha de resíduos (Commonwealth of Australia, 2012). A energia doméstica deve ser fornecida através de combustíveis e tecnologias modernas, incluindo o gás natural, o gás de petróleo liquefeito (GPL), a eletricidade e o biogás (World Energy Outlook, 2021). O acesso à eletricidade deve ser feito através de lâmpadas a funcionar cinco horas por dia, uma ventoinha a funcionar seis horas por dia e uma televisão a funcionar quatro horas por dia, o que equivale a um consumo anual de eletricidade de 1250 kWh por agregado familiar. Além disso, as instalações de cozinha devem ser dependentes de biomassa, eletricidade, carvão ou querosene (Oyedepo, 2012; Agência Internacional de Energia, 2014). Uma vez que é necessário um nível de acesso a cada uma das infraestruturas, um agregado familiar sem o nível mínimo de acesso pode absorver o impacto do défice de infraestruturas, adaptar-se às situações actuais e/ou transformar-se num novo sistema, fornecendo alternativas à infraestrutura doméstica desejada. Isto denota a resiliência do agregado familiar ao défice de infra-estruturas.

A resiliência é um fenómeno multifacetado. Os académicos e as organizações desenvolveram as suas próprias definições e métodos para a medir (Holling, 1973; Berkes, Colding & Folke, 2003; D'Errico, Pietrelli & Romano, 2013; United States Agency International Development, 2013). A resiliência é a capacidade de prevenção, adaptação e recuperação das famílias face a perturbações, a fim de atenuar a vulnerabilidade grave e permitir um crescimento inclusivo (Folke, Capenter, Elmqvist, Gunderson, Holling, & Walker, 2002; United States Agency International Development, 2013). De acordo com Berkes, Colding e Folke (2003), a resiliência envolve a extensão da perturbação que um sistema pode absorver sem sofrer uma rutura crítica nas suas características funcionais. As componentes identificadas da resiliência são a capacidade de absorção, a capacidade de adaptação e a capacidade de transformação, que se sobrepõem umas às outras. A capacidade de absorção implica que os agregados familiares têm a tenacidade de lidar com o défice de infra-estruturas. A adaptabilidade envolve a capacidade dos agregados familiares de se ajustarem ao impacto do défice de infra-estruturas. Por outro lado, a capacidade de transformação implica a capacidade das famílias de mudarem para uma alternativa.

Com base no que precede, a resiliência das famílias ao défice de infra-estruturas é a capacidade das famílias para absorver, adaptar-se e transformar-se a partir do impacto do défice de infra-estruturas. Isto implica que, apesar da deficiência de infra-estruturas, os agregados familiares devem ser capazes de desenvolver estratégias de sobrevivência para sustentar o seu nível de vida, a fim de alcançar essencialmente um nível de satisfação com a provisão de infra-estruturas (Department for International Development, 2011). O agregado familiar poderia então possuir capacidades para fornecer infra-estruturas e responder e recuperar da ameaça de deficiência de infra-estruturas. A resiliência dos agregados familiares às infra-estruturas é, portanto, a capacidade de um agregado familiar satisfazer as suas necessidades de infra-estruturas de acordo com os padrões mínimos aceitáveis através dos processos de absorção, adaptação e transformação do impacto do défice de infra-estruturas. A resiliência dos agregados familiares às infra-estruturas é, portanto, a capacidade de um agregado familiar satisfazer as suas necessidades de infra-estruturas de acordo com padrões mínimos aceitáveis, através de processos de absorção, adaptação e transformação do impacto do défice de infra-estruturas.

A questão do défice de infra-estruturas ao nível dos agregados familiares tem sido uma grande preocupação em muitos centros urbanos da Nigéria (UN-Habitat, 2013; OMS, 2014). Vários factores têm sido atribuídos a esta situação. Estes incluem a morfologia das cidades, o seu estatuto político, a dimensão demográfica espacial e a relevância económica. Particularmente preocupantes são os grandes centros urbanos com extensas áreas tradicionais e subúrbios em rápido crescimento, desprovidos de um planeamento físico adequado e caracterizados pela falta de infra-estruturas adequadas. Isto para além de outras partes das cidades com infra-estruturas deterioradas. Este estudo centra-se em Ogbomoso, uma cidade com várias zonas de desenvolvimento, cada uma das quais se caracteriza por níveis variáveis de infra-estruturas ao nível dos agregados familiares. Por conseguinte, este estudo examinou a resistência dos agregados familiares ao défice de infra-estruturas em Ogbomoso, na Nigéria.

1.2 Declaração do problema de investigação

Estudos têm opinado que as infra-estruturas domésticas são uma panaceia para o desenvolvimento sustentável (African Water Development Report, 2006; Daramola, 2012; World Bank Group, 2015; Yoade, 2019). Estes estudos concluíram que o acesso a um abastecimento adequado de água, saneamento, recolha de resíduos e energia doméstica determina o grau de saúde e prosperidade de um agregado familiar. Em particular, estudos documentaram um défice de infra-estruturas em Ogbomoso em termos de abastecimento de água, saneamento e recolha de resíduos sólidos (Afon, 2007; Toyobo, 2014; Adetunji, Alabi & Oyeleye, 2018; Odunola, Morenikeji, Odunsi, Alabi & Adeoye, 2017). No entanto, é difícil encontrar estudos que se concentrem na resiliência das famílias ao défice de infra-estruturas domésticas, especialmente em Ogbomoso. Por conseguinte, este estudo examinou o défice de infra-estruturas dos agregados familiares nas zonas de desenvolvimento de Ogbomoso e as estratégias de sobrevivência utilizadas pelos residentes, que é o foco deste estudo.

Os estudos documentaram os atributos socioeconómicos dos chefes de família para examinar a expressão das suas casas (Olawuyi & Rahji, 2012; Bilenkisi & Tapsin, 2015; Owolabi, 2017). O estudo de Olawuyi e Rahji (2012) examinou as estratégias de subsistência dos chefes de família no Reino de Ode-Omi, Estado de Ogun, Nigéria. O estudo concluiu que a pobreza aumentou na zona em resultado do rendimento, da idade e do nível de instrução dos chefes de família. Além disso, Bilenkisi e Tapsin (2015) examinaram o impacto dos níveis de educação dos chefes de família no risco de pobreza na Turquia. O estudo concluiu que o género, a localização da residência, a situação profissional e a idade dos chefes de família são características socioeconómicas fundamentais que determinam o nível de pobreza na Turquia. Alguns estudos também discutiram as variáveis socioeconómicas em relação ao acesso às infra-estruturas (Akter & Mallick, 2013; Sarkar et. al., 2014; Owolabi, 2017). Por exemplo, o estudo de Owolabi (2017) concluiu que as pessoas com baixos rendimentos gastam mais do seu rendimento no acesso a infra-estruturas domésticas do que as pessoas com rendimentos elevados. Akter e Mallick (2013) indicaram que as famílias com baixos rendimentos eram menos resistentes ao défice. Além disso, os estudos de Sarkar et al, (2014) e Jaiyeoba (2017) utilizaram o rendimento, a idade e o género dos chefes de família para medir o nível de privação de acesso a infraestruturas em Bengala Ocidental, na Índia, e em Lagos e Ogun, na Nigéria, respetivamente. Por conseguinte, este estudo avalia os atributos socioeconómicos dos chefes de família na área de estudo e a forma como se relacionam com a resiliência das famílias ao défice de infra-estruturas na área de estudo.

A literatura é abundante no que diz respeito ao nível de défice de infraestruturas vivido pelos agregados familiares nos países em desenvolvimento e desenvolvidos (Bailie & Runcie, 2006; WHO & UNICEF, 2015; African Water Development Report, 2016; Daramola & Olawuni, 2017). O estudo de Bailie e Runcie (2006), sobre o nível de acessibilidade dos agregados familiares ao abastecimento de água e ao saneamento nas comunidades aborígenes do Território do Norte da Austrália, revelou que a bancada da cozinha, o fogão, o forno, as torneiras de água fria e o lavatório não eram funcionais nas casas de muitos indígenas australianos. Ogwumike, Ozughalu e Abiona (2014) revelaram que o nível de acessibilidade a fontes de energia domésticas modernas é baixo entre os agregados familiares nigerianos. Consequentemente, as famílias com baixos rendimentos utilizam geralmente fogões tradicionais e combustíveis para cozinhar, como o carvão vegetal e a madeira. Além disso, Daramola e Olawuni (2017) concluíram que o nível de acesso dos residentes ao abastecimento de água através de torneira e furo era baixo, especialmente nas áreas residenciais de alta densidade da metrópole de Lagos. Em resumo, estes estudos anteriores examinaram o nível de acesso a infra-estruturas domésticas em cidades de países desenvolvidos e em desenvolvimento. Este estudo também complementa os estudos anteriores, avaliando o nível de défice de infra-estruturas domésticas nas diferentes zonas de desenvolvimento da área de estudo.

Os estudos também discutiram o impacto do défice de infra-estruturas nas pessoas (Adenikinju, 2005; Foster, Butterfield, Chen, & Pushak, 2009; Obokoh & Goldman, 2016). Por exemplo, Adenikinju (2005) descobriu que o mau estado do fornecimento de eletricidade nos centros urbanos nigerianos impôs custos significativos à produtividade das famílias e às actividades económicas gerais do país. Foster et al., (2009) concluíram que o défice de infra-estruturas em África conduz a um aumento da taxa de criminalidade e de corrupção. Além disso, Obokoh e Goldman (2016) avaliaram o défice de infra-estruturas e o desempenho das pequenas e médias empresas (PME) na Nigéria. O estudo concluiu que existe uma diminuição da rendibilidade e do desempenho das PME devido aos elevados custos incorridos pelas PME no auto-abastecimento de infra-estruturas e na distribuição de produtos acabados. Tal como estes estudos anteriores, o presente estudo avaliou o impacto do défice de infra-estruturas, mas com enfoque nas actividades económicas, sociais e ambientais das famílias na área de estudo.

Há também estudos que examinaram os vários componentes da resiliência das famílias (Walker, Abel, Andreis & Ryan, 2009; Patryniak, 2016; Almedia & Mostafavi, 2016; Odunsi, 2020; Popoola et al, 2021). Almedia e Mostafavi (2016) concluíram que a adaptação dos sistemas de infra-estruturas construídas é uma estratégia crítica para mitigar o impacto adverso da subida do nível do mar nas zonas costeiras. Odunsi (2020) concluiu que as estratégias de absorção, adaptação e transformação serviram como componentes da resiliência dos agregados familiares à catástrofe das cheias em Lagos, na Nigéria. Além disso, o trabalho de Walker et al, (2009) concluiu que as dimensões da resiliência consistem em activos naturais, físicos, económicos e sociais que são indicadores utilizados na medição das capacidades de resiliência. No entanto, a discussão destes estudos anteriores sobre a resiliência dos agregados familiares não se centra na deficiência das infra-estruturas. Ao contrário dos estudos anteriores, este estudo examinou o nível de capacidade das famílias para absorver, adaptar-se e transformar-se do impacto do défice de infra-estruturas na área de estudo.

Os factores que influenciam a resiliência dos agregados familiares ao défice de infra-estruturas, tais como as características socioeconómicas dos chefes de família, a prestação inadequada de serviços urbanos básicos pelo governo e os prestadores de serviços urbanos (governo, sector privado e comunidade) estão bem documentados em vários estudos (Babawale, 2004; Ibem, 2009; Fakere & Ayoola, 2018). Por exemplo, o estudo de Babawale (2004) examinou a provisão de infra-estruturas pelo sector privado e pelas OBC na Nigéria. O estudo revelou que o fator que influencia a provisão de infra-estruturas e contribui para a inadequação e deterioração das infra-estruturas é o fraco financiamento pelo governo e as actividades dos vários fornecedores de infra-estruturas urbanas. Do mesmo modo, Fakere e Ayoola (2018) avaliaram as características socioeconómicas dos residentes em relação à participação da comunidade na provisão de infra-estruturas em Akure, na Nigéria. Os resultados do estudo revelaram que os agregados familiares e as associações comunitárias forneceram a maior parte das infra-estruturas necessárias por si próprios. Isto implica que a capacidade dos agregados familiares e a organização comunitária são factores determinantes da resiliência dos agregados familiares ao défice de infra-estruturas. Por conseguinte, este estudo também determinou os factores que influenciam a capacidade de resistência dos agregados familiares ao défice de infra-estruturas em Ogbomoso.

Com base nas lacunas criadas, este estudo dá resposta às seguintes questões

(i) Quais são as características socioeconómicas dos chefes de família em Ogbomoso?

(ii) Qual é o nível de défice de infra-estruturas domésticas na zona de estudo?

(iii) Qual é o impacto do défice de infra-estruturas domésticas na zona de estudo?

(iv) Qual é o nível de capacidade dos agregados familiares para absorver, adaptar-se e transformar-se do impacto do défice de infra-estruturas na área de estudo?

(v) Quais são os factores que influenciam a resiliência dos agregados familiares ao défice de infra-estruturas na área de estudo?

1.3 Finalidade e objectivos do estudo

O objetivo deste estudo é examinar a resistência dos agregados familiares ao défice de infra-estruturas em Ogbomoso, na Nigéria, com vista a fornecer informações que possam orientar a formulação de políticas para um planeamento adequado das infra-estruturas domésticas na área de estudo.

Os objectivos do presente estudo são os seguintes

(a) examinar as características socioeconómicas dos chefes de família em Ogbomoso;

(b) avalia o nível e o impacto do défice de infra-estruturas domésticas na zona de estudo;

(c) examinar o nível de capacidade das famílias para absorver, adaptar-se e transformar-se do impacto do défice de infra-estruturas na área de estudo, e;

(d) determinar os factores que influenciam a resiliência dos agregados familiares ao défice de infra-estruturas na área de estudo.

1.4 Justificação do estudo

A Agenda para o Desenvolvimento Sustentável consagra vários objectivos ao desenvolvimento humano sustentável. Os Objectivos 6, 7 e 9 abordam a necessidade de água potável e saneamento para todos, o acesso a serviços energéticos acessíveis, fiáveis e modernos e a construção de infra-estruturas resistentes. De acordo com a UN-Habitat (2013), a vida urbana em todo o mundo é gravemente afetada pelo défice de infra-estruturas, sobretudo nas cidades dos países em desenvolvimento. Na África Subsariana, em particular, verifica-se um declínio constante das despesas públicas com infra-estruturas, combinado com um aumento constante do custo de construção de infra-estruturas adicionais (UN-Habitat, 2008; Grupo do Banco Africano de Desenvolvimento, 2010; UN-Habitat, 2013a). O impacto do défice de infra-estruturas estendeu-se a todas as esferas da vida urbana, sobretudo ao nível das famílias.

Segundo a opinião de Udoka (2013), a disponibilidade e a acessibilidade das infra-estruturas em qualquer casa determinam a saúde e a prosperidade de um agregado familiar e a duração da vida dos seus membros. Consequentemente, a acessibilidade e a disponibilidade de infra-estruturas domésticas são essenciais para uma boa vida. Para garantir um funcionamento eficaz e eficiente de uma casa, é necessário um nível de acesso a um abastecimento de água adequado, saneamento, recolha de resíduos sólidos e fornecimento de energia doméstica para uma vida saudável e bem-estar. Por conseguinte, qualquer agregado familiar que não tenha um nível mínimo de acesso a infra-estruturas domésticas adequadas tem de absorver o impacto do défice, adaptar-se às condições existentes e transformar-se num novo sistema, proporcionando alternativas às infra-estruturas domésticas desejadas. Cada agregado familiar tem de desenvolver uma estratégia de sobrevivência para enfrentar a ameaça do défice de infra-estruturas domésticas.

O fornecimento e a acessibilidade adequados às infra-estruturas domésticas são um pré-requisito para uma vida urbana sustentável. Isto sublinha a necessidade de avaliar as características socioeconómicas dos chefes de família, o nível e o impacto do défice de infra-estruturas, a capacidade de resposta das famílias e também os factores determinantes que influenciam a resiliência das famílias às infra-estruturas. Por conseguinte, este estudo é particularmente importante para todas as partes interessadas envolvidas na provisão de infra-estruturas, uma vez que tenta fornecer dados empíricos que podem constituir um contributo vital para o planeamento e conceção de infra-estruturas domésticas.

1.5 Âmbito do estudo

Este estudo avalia a capacidade de resistência dos agregados familiares ao défice de infra-estruturas nas três zonas de desenvolvimento das Áreas de Governo Local de Ogbomoso Sul e Ogbomoso Norte. O estudo centrou-se no nível de acesso ao abastecimento de água, saneamento, recolha de resíduos e energia doméstica ao nível dos agregados familiares. O estudo também avaliou a capacidade de resistência dos agregados familiares ao impacto do défice de infra-estruturas domésticas.

1.6 Área de estudo

A área de estudo é Ogbomoso, Estado de Oyo, Nigéria. A cidade é um centro urbano pré-colonial e a segunda maior cidade em termos de população e extensão espacial no Estado de Oyo, Nigéria (Adeboyejo & Abolade, 2009). Está situada entre as latitudes 07°55'N e 08°39'N e as longitudes 03°05'E e 04°27'E, cobrindo uma área de cerca de 263,382 km2 no atual Estado de Oyo. A população de Ogbomoso aumentou de 299.238 habitantes registados em 2006 durante o recenseamento nacional da população para 576.557, com base numa taxa de crescimento de 3,2% (Ogbomoso Insight, 2021). A cidade é constituída pelas áreas governamentais locais de Ogbomoso Sul e Ogbomoso Norte, que estão localizadas na metrópole de Ogbomoso. Além disso, as Figuras 1.1 e 1.2 apresentam os mapas da Nigéria com o Estado de Oyo e o Estado de Oyo com a Metrópole de Ogbomoso, respetivamente.

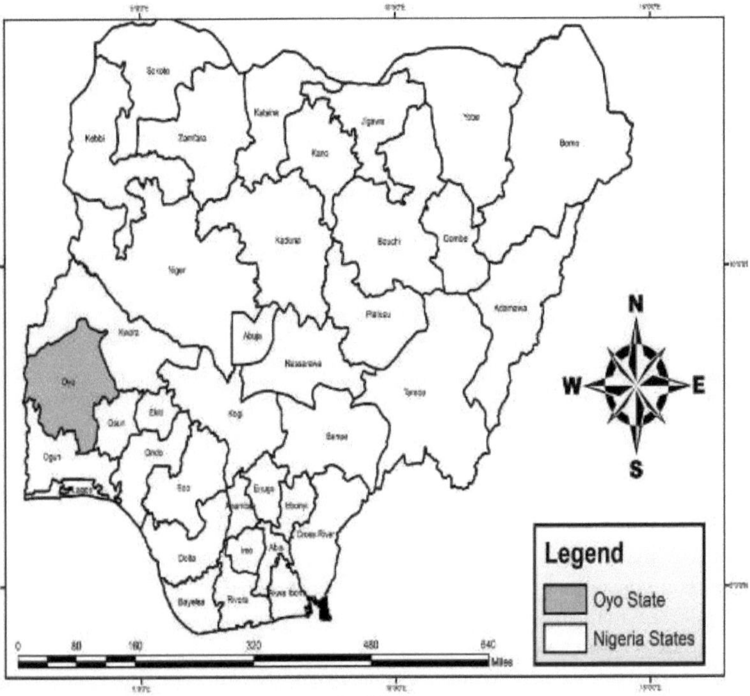

Figura 1.1: O Estado de Oyo no contexto da Nigéria

Fonte: Agência Nacional de Investigação e Desenvolvimento Espacial (NASRDA) (2022)

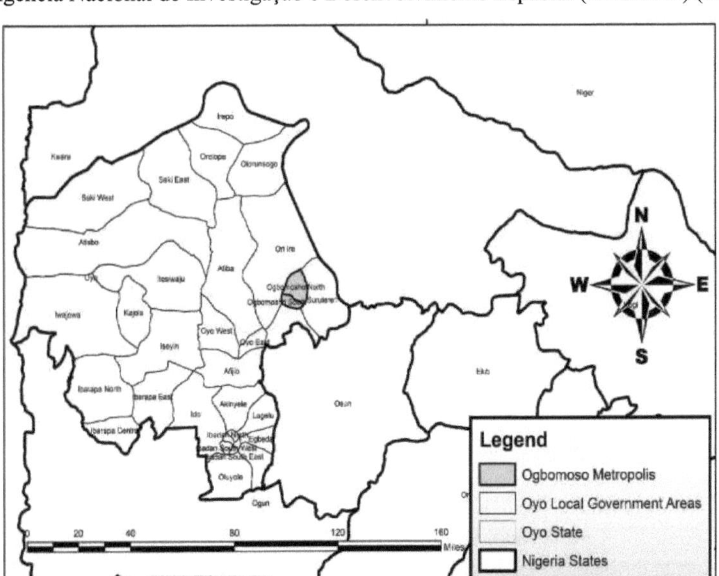

Figura 1.2: A metrópole de Ogbomoso no contexto do Estado de Oyo

Fonte: Agência Nacional de Investigação e Desenvolvimento Espacial (NASRDA) (2022)

Ogbomoso, uma cidade tradicional, tem vindo a desenvolver, ao longo do tempo, várias zonas de desenvolvimento. De acordo com Afon (2007), podem ser identificadas três zonas de desenvolvimento nas cidades tradicionais nigerianas. Tal como apresentado no Quadro 1.1, existem zonas centrais, de transição e suburbanas. Estas zonas foram desenvolvidas durante a era pré-colonial, colonial e pós-colonial. A zona central, também conhecida como a zona mais antiga, desenvolveu-se no período pré-colonial. Para a zona de transição, esta zona surgiu no período colonial. Por outro lado, a zona suburbana foi criada após o domínio colonial. As três zonas eram homogéneas por natureza, como é evidente nas comodidades ambientais, na disposição do seu ambiente físico e nas características socioeconómicas dos residentes. Além disso, a acessibilidade às infra-estruturas nestas zonas baseava-se nos seus atributos em termos de tipos de edifícios, distribuição espacial e disposição. No entanto, estes atributos são o reflexo das características socioeconómicas dos residentes nas três zonas. No entanto, as zonas são;

(i) **Zona central:** A zona central de Ogbomoso concentra os indígenas que permaneceram na zona durante um longo período de tempo. A zona é atribuída aos primeiros colonos que estiveram na cidade antes do domínio colonial. Os residentes da zona central viviam em edifícios sem planeamento físico adequado, geralmente velhos, degradados e sem infra-estruturas domésticas adequadas. Para além disso, a zona tem residentes com ocupações comuns que são normalmente a agricultura e os artesãos. A zona central de Ogbomoso abrange Ilogbo, Ijeru, Lagbedu, Ago-Ife, Molete, Arowomole, Oke-Isoko, Papa Abede, Akata, Isapa, Ologbo-Agbede, Akunko, Ibapon, Isoko, Idi-Isin, Isale Ora, Ogunbado, Ladanu, Alafia Oluwa, Osupa, Oja-igbo, Oja-Jagun, Ita-Popo, Takie, Laka, Saja, Bolanta Masifa, Taraa, Ogbegun, Aguodo, Isale Alaasa, Abogunde, Isale Afon, Aaje, Oke-Agbede, Okeelerin, Ode-Abosa e Patemota.

(ii) **Zona de transição:** Os residentes na zona de transição são basicamente os indigenas e não indigenas. A zona remonta ao domínio colonial, onde os edifícios eram bastante modernos, com estradas de acesso e um nível modesto de disponibilidade de infra-estruturas domésticas. Esta zona abrange essencialmente Obadare, Gboye, Ahoyaya, Oke Alapata, Ire Akari, Olopemarun, Odokoto, Odo-Agbon, Boluwaduro Isapa, Majekobaje, Olorunsogo, Masifala, Caretaker, J. K Atanda, Idi-Oro, Igboyi, Odo Igboho, Surulere Adiatu, Randa, Oke-Aanu, Agboin, Sabo, Kinira, Taraa, Oke-Ado, Apake, Alasa Layout e Agbowo.

(iii) **Zona suburbana: As** zonas suburbanas são atribuídas tanto a indigenas como a não indigenas. Os residentes da zona suburbana trabalham no sector privado e nos serviços públicos, com rendimentos elevados. A maioria dos residentes na zona suburbana era instruída e vivia em edifícios bem construídos, com acesso adequado às infra-estruturas domésticas. A zona está localizada em zonas residenciais públicas e privadas aprovadas. Esta zona abrange Ifesowapo, Agric, Technical, Surulere, Seventh day, Orelope Bible College, Oluwatedo, Sanu Aje, Oluwamodupe, Orelope, Oke Osuru, Boluwaduro, Irewolede, Ifedara, Ayedire, Obandi, Ajegunle, Owolaake, Aje-Iya, Arinkinkin, Soun, Kuye, Safejo, Baby, Iwagba, Aduin, Ayedade, Temidire, Igbosai, Owode, Oke-Owode, Omosin, Ile-Ewe, Aroje, Adenike, Afatedo, Kere, Yoaco, Under G, Aje Ikose, Isale-General, General, Ikose, Ajilete Housing Estate e Abaa.

Os residentes de Ogbomoso necessitam de infra-estruturas domésticas para as dimensões social, económica e física da vida urbana e existem algumas instalações e serviços disponíveis na cidade. Estes incluem os serviços de abastecimento público de água de Yaku e Ajinipa Water Works e os de fornecimento de eletricidade pela Ibadan Electricity Distribution Company (IBEDC). No entanto, um olhar superficial revelou que o crescimento da cidade ultrapassou as infra-estruturas domésticas disponíveis. Os habitantes não têm acesso ao abastecimento público de água, devido à moribundidade das redes de distribuição de água. Além disso, a recolha de lixo é um problema na cidade. Por exemplo, a presença de muitas lixeiras não regulamentadas e a descarga de resíduos nos canais fluviais são provas de uma recolha de resíduos inadequada. No que se refere à energia doméstica, vários edifícios não estão ligados à rede eléctrica e é do conhecimento geral na Nigéria que os que têm ligação não beneficiam de um serviço adequado. Este fornecimento inadequado de eletricidade fez com que a energia doméstica se situasse a um nível rudimentar. A deficiência das infra-estruturas domésticas na cidade levou muitas famílias a desenvolver estratégias de sobrevivência para manter o seu nível de vida.

Tabela 1.1: Áreas residenciais em diferentes zonas de desenvolvimento de Ogbomoso

Desenvolvimento Zona	Zonas residenciais identificadas
Núcleo	Ilogbo, Ijeru, Lagbedu, Ago-Ife, Molete, Arowomole, Oke-Isoko, Papa Abede, Akata, Isapa, Ologbo-Agbede, Akunko, Ibapon, Isoko, Idi-Isin, Isale Ora, Ogunbado, Ladanu, Alafia Oluwa, Osupa, Oja-igbo, Oja- Jagun, Ita-Popo, Takie, Laka, Saja, Bolanta Masifa, Taraa, Ogbegun, Aguodo, Isale Alaasa, Abogunde, Isale Afon, Aaje, Oke-Agbede, Okeelerin, Ode-Abosa e Patemota
Transição	Obadare, Gboye, Ahoyaya, Oke Alapata, Ire Akari, Olopemarun, Odokoto, Odo-Agbon, Boluwaduro Isapa, Majekobaje, Olorunsogo, Masifala, Caretaker, J. K Atanda, Idi-Oro, Igboyi, Odo Igboho, Surulere Adiatu, Randa, Oke-Aanu, Agboin, Sabo, Kinira, Taraa, Oke-Ado, Apake, Alasa Layout e Agbowo
Suburbano	Ifesowapo, Agric, Technical, Surulere, Seventh day, Orelope Bible College, Oluwatedo, Sanu Aje, Oluwamodupe, Orelope, Oke Osuru, Boluwaduro, Irewolede, Ifedara, Ayedire, Obandi, Ajegunle, Owolaake, Aje-Iya, Arinkinkin, Soun, Kuye, Safejo, Baby, Iwagba, Aduin, Ayedade, Temidire, Igbosai, Owode, Oke-Owode, Omosin, Ile-Ewe, Aroje, Adenike, Afatedo, Kere, Yoaco, Under G, Aje Ikose, Isale General, General, Ikose, Ajilete Housing Estate e Abaa

Fonte: Adaptado de Ayanwole (2017), Atualização do autor (2023)

CAPÍTULO 2

REVISÃO DA LITERATURA

2.1 Preâmbulo

Este capítulo analisou a literatura relevante para este estudo sobre o conceito de ambiente residencial urbano, infra-estruturas urbanas, infra-estruturas domésticas e estratégias de resiliência. Além disso, discute o enquadramento teórico do estudo, que é o modelo de resiliência e estrutura espacial.

2.2 Ambiente residencial urbano

O ambiente residencial refere-se a um local onde as pessoas habitam numa zona urbana durante um determinado período de tempo. De acordo com Omole (2010), o ambiente residencial é a composição da estrutura física utilizada como abrigo para o bem-estar individual ou familiar durante um determinado período de tempo. O ambiente residencial constitui um conjunto de serviços para o agregado familiar e a comunidade, como parques e escolas; uma localização que proporciona acessibilidade a empregos e comodidades, bem como a proximidade de certos tipos de vizinhos (Kain & Quigley, 1970; Adeoye, 2016).

O ambiente residencial pode ser visto tanto na perspetiva tradicional como na moderna (Rifkin, Muller & Bichmann, 1988; Agbola & Olatubara, 2004; Obateru, 2004). Na perspetiva tradicional, um ambiente residencial é conceptualizado como uma comunidade onde as pessoas habitam. Uma comunidade é um grupo de indivíduos que vivem na mesma área definida num determinado período de tempo e partilham os mesmos valores básicos, infra-estruturas e interesses comuns (Rifkin, Muller & Bichmann, 1988). A comunidade é também uma aglomeração de pessoas com opiniões distintas que residem numa área geograficamente definida. Noutro sentido, a comunidade é constituída por pessoas com ideias diversas, ligadas por pontos de vista comuns e que se dedicam a um curso conjunto num determinado ambiente. Para tal, um ambiente residencial é uma aglomeração de população diversa ligada localmente por laços sociais e valores básicos numa área geográfica.

Numa perspetiva moderna, um ambiente residencial é visto como uma área residencial. A área é a extensão de terreno destinada principalmente à habitação, incluindo instalações auxiliares, utilidades e serviços necessários ao bem-estar da residência. Estes incluem redes rodoviárias, eletricidade, abastecimento de água, mercados e escolas (Agbola & Olatubara, 2004; Obateru, 2004). Assim, a área residencial envolve a reunião de um indivíduo ou grupo de indivíduos num local dominado pelo uso residencial da terra, tendo em consideração outros usos da terra como o comercial, industrial, recreativo, entre outros. Estes indivíduos juntam-se para usufruir de instalações auxiliares, utilidades e serviços numa unidade habitacional dentro de uma área residencial.

Numa cidade tradicional da Nigéria, podem ser identificadas três zonas de desenvolvimento: a zona central, a zona de transição e a zona suburbana (Afon, 2007). Estas zonas foram desenvolvidas durante a era pré-colonial, colonial e pós-colonial. A zona central, também conhecida como a zona mais antiga, foi desenvolvida no período pré-colonial. A zona de transição surgiu durante o período colonial. Por outro lado, a zona suburbana foi criada após o domínio colonial. As três zonas eram homogéneas por natureza, como é evidente nas comodidades ambientais, na disposição do seu ambiente físico e nas características socioeconómicas dos residentes. No entanto, o acesso às infra-estruturas domésticas em cada zona tem um impacto significativo no bem-estar de todos os membros do agregado familiar. Por exemplo, Ofong (2001); e Graham et al, (2005) concluíram que, em qualquer casa onde não exista um abastecimento de água seguro e adequado, uma disposição para a eliminação sanitária dos excrementos humanos, uma drenagem eficiente das águas superficiais, uma recolha e eliminação adequadas dos resíduos sólidos, a higiene pessoal e doméstica, a condição de vida saudável dos seus habitantes é suscetível de ser afetada negativamente.

2.3 Infra-estruturas

As infra-estruturas são os sistemas básicos de instalações, serviços e utilidades necessários para as actividades físicas, sociais e económicas dos indivíduos e dos agregados familiares, com vista a assegurar o funcionamento eficaz e eficiente da sua casa, comunidade ou nação (Fulmer, 2009; Torrisi, 2009; Stewart, 2010; Akintola, 2011). Incluem os transportes, as instalações de telecomunicações, o fornecimento de energia, o sistema de drenagem, os serviços de saúde, o fornecimento de eletricidade, as instalações educativas e as instalações recreativas. Noutra linguagem, as infra-estruturas referem-se a instalações que ajudam nas actividades comerciais, recreativas e institucionais de uma comunidade. Além disso, as infra-estruturas são as disponibilidades e acessibilidades dos elementos necessários para o desenvolvimento eficiente e eficaz de um local. Esses elementos, no entanto, são importantes para a estabilidade geral de qualquer comunidade ou nação. Yoade, (2019) definiu infraestrutura como os elementos físicos, incluindo estradas, esgotos, sistema de drenagem, abastecimento de água, saneamento e energia doméstica. Em outro termo, infraestrutura refere-se à instalação física, componentes, estruturas, serviços necessários para o funcionamento adequado das atividades de um indivíduo, família ou grupo em uma comunidade.

Além disso, as infra-estruturas são um dos principais requisitos para a consecução do progresso económico e do desenvolvimento de uma comunidade. De acordo com Torrisi (2010), os urbanistas e os economistas conceptualizaram as infra-estruturas como um suporte para as actividades económicas e sociais de uma comunidade ou de uma nação. Para as actividades económicas, as infra-estruturas são, portanto, os sistemas económicos essenciais para a produção e o consumo de bens. Estes sistemas incluem instalações e serviços necessários ao crescimento económico porque promovem actividades económicas que atraem investidores. Inclui eletricidade, estradas, caminhos-de-ferro, aeroportos, telecomunicações, sistemas de esgotos, etc. No que se refere às infra-estruturas sociais, trata-se dos sistemas sociais essenciais para a construção, manutenção e construção das instalações necessárias às actividades sociais numa comunidade ou nação. Estas incluem os cuidados de saúde, a educação, as instalações públicas, tais como habitações comunitárias e prisões, tribunais, museus, teatros, parques infantis e parques (Fulmer, 2009). Assim, a disponibilidade de infra-estruturas necessárias e adequadas estimula o crescimento humano e reduz a vulnerabilidade da comunidade. A Tabela 2.1 apresenta uma visão geral das infra-estruturas básicas necessárias a uma sociedade humana típica e a(s) fonte(s)/avenida(s) para as satisfazer.

Tabela 2.1: Infra-estruturas materiais para satisfazer as necessidades da vida humana

Elemento essencial	**Infraestrutura Input (bem ou serviço)**	**Infraestrutura material**
	Requisitos físicos	
Abastecimento de água	Água necessária para cozinhar, tomar banho, lavar, beber e irrigar	Transmitido por tubos, piscinas, cursos de água
Calor	Produção de eletricidade	Condutas, centrais de produção, minas de carvão
Iluminação	Energia doméstica para cozinhar, iluminação	Centrais de produção, instalações de perfuração, circuitos, condutas

Saúde	Recolha e eliminação de resíduos e esgotos, cuidados de saúde	Centros de saúde, sistema de drenagem
Ambiente limpo	Remoção de águas residuais nos esgotos, recolha de resíduos sólidos	Depósito de lixo organizado, sistemas de esgotos
Ecossistema e Povoamento humano	Proteção dos lares, gestão e proteção dos ecossistemas	Animais, plantas, edifícios
	Requisitos sociais	
Segurança	Políticas, ordem, segurança de vidas e propriedades, defesa externa	Cantonamento, quartéis, esquadras de polícia
Informações	Telemóveis, sem fios e Internet	Instalações de telecomunicações, estações de correio
Educação	Escolaridade, investigação, inovação	Laboratório de investigação, colégios, escolas secundárias, universidades
Transporte	Automóveis	Estradas, auto-estradas
	Sistema ferroviário	Caminhos-de-ferro, estações de comboio
	Aviões, Chopper, Jato	Aeródromos, Aeroportos
	Navios, Carga	Portos
Proteção do ambiente	Ar e água limpos	Sistemas de purificação, redes de água

Fonte: Torrisi (2009)

2.4 Infra-estruturas domésticas

Por agregado familiar entende-se as pessoas que vivem e comem juntas numa cozinha ou panela comum, e que também têm as mesmas necessidades básicas. Estas necessidades básicas consistem no abastecimento de água nas suas casas, no saneamento, na recolha de resíduos sólidos e no fornecimento de energia doméstica. De acordo com um estudo efectuado em 2006 através de um inquérito rápido, o agregado familiar é um conjunto de pessoas que reconhecem a autoridade de uma pessoa como seu chefe e que vivem e comem todas juntas (República do Mali, 2007). Noutra linguagem, agregado familiar significa simplesmente a reunião de uma ou mais pessoas para ocupar uma unidade de habitação e também usufruir das infra-estruturas domésticas disponíveis necessárias para a sua saúde e bem-estar na sua casa.

As infra-estruturas domésticas referem-se a instalações e serviços necessários para uma vida saudável e para o desenvolvimento geral de um agregado familiar (Yoade, 2019). As instalações e os serviços consistem no abastecimento de água, saneamento, recolha de resíduos e energia doméstica, que são ingredientes essenciais para o consumo doméstico (Obateru, 2004). Noutra linguagem, a infraestrutura doméstica refere-se a utilidades e serviços que são principalmente essenciais para a saúde e o bem-estar das necessidades humanas, muito especialmente a nível doméstico. O fornecimento e a acessibilidade adequados das infra-estruturas domésticas garantem a satisfação dos residentes (Infrastructure Development Finance Company Limited, 2006). No entanto, o acesso a infra-estruturas domésticas adequadas é importante para o funcionamento eficaz e eficiente de uma casa. Isto porque, a presença de infra-estruturas em qualquer casa tem um impacto significativo no bem-estar dos habitantes (Sulivan & Sheffrin, 2003). Consequentemente, as infra-estruturas domésticas reforçam o crescimento humano, melhoram o nível de vida e reduzem a pobreza.

No entanto, muitos residentes urbanos ainda não têm acesso a infra-estruturas básicas, especialmente a nível doméstico (Dabiri, 2019).

Vários académicos e organizações realizaram estudos sobre o nível e o acesso às infra-estruturas domésticas. Estes estudos centraram-se no abastecimento de água, no saneamento, na recolha de resíduos sólidos e no consumo de energia doméstica como componentes essenciais das necessidades dos agregados familiares (AWDR, 2006; Olawuni, 2007; Daramola, 2011; Luthi, 2012: OMS, 2015; Abubakar, 2017;

Daramola, 2017). A disponibilidade e acessibilidade às infra-estruturas domésticas é uma medida fundamental para uma boa saúde e bem-estar. Segundo a opinião de Daramola e Olawuni (2017), sempre que os residentes não têm acesso adequado às infra-estruturas ao nível do agregado familiar, a experiência constitui um défice de infra-estruturas, que é o empobrecimento dos membros do agregado familiar. Por conseguinte, a infraestrutura do agregado familiar é definida em termos de acessibilidades e padrões mínimos exigidos em cada casa.

2.4.1 Abastecimento de água

O acesso ao abastecimento de água a nível doméstico é um ingrediente fundamental para a sobrevivência humana. De acordo com a OMS (2003) e a UNICEF (2015), o acesso adequado à água potável deve ser feito dentro de casa através de múltiplas torneiras de forma contínua e o abastecimento deve ser feito a partir de um cano, furo ou tubo vertical. Além disso, a OMS (2000) revelou que os agregados familiares devem ter acesso à água através de várias torneiras em casa, tubos de suporte, furos ou nascentes protegidas. Da mesma forma, o acesso ao abastecimento de água deve ser feito através de condutas em todos os pontos de água da casa e a distribuição deve ser feita para casas de banho, casas de banho e cozinhas, enquanto a disponibilidade deve ser ininterrupta em qualquer momento (AWDR, 2006). Além disso, o consumo de água depende do nível de acesso em cada casa (OMS & UNICEF, 2000). Por exemplo, os agregados familiares com múltiplas canalizações tendem a consumir mais água do que aqueles que dependem do seu vizinho. O Quadro 2.2 apresenta os litros mínimos recomendados necessários para um agregado familiar por dia.

Tabela 2.2: Necessidades básicas de água para as necessidades humanas

Objetivo	**Consumo mínimo diário de uma pessoa (litros)**
Finalidade da bebida	5
Saneamento	20
Banho e higiene pessoal	15
Actividades de cozinha	10
Total	**50**

Fonte: Gleick (1996)

Com base no que precede, o acesso ao abastecimento de água através de uma canalização regular dentro de uma casa é considerado o melhor (OMS, 2003; UNICEF, 2015). A Tabela 2.3 revela as categorias de serviços de abastecimento de água que são consideradas "melhoradas" e "não melhoradas" e também a Tabela 2.4 elabora os requisitos para o nível de serviço de água como critério de adequação do abastecimento de água.

Quadro 2.3: Definições de abastecimento de água "melhorado" e "não melhorado

Intervenção	**Melhorado**	**Não melhorado**
Abastecimento	Múltiplos canalizados	Recolha de água paga ao fornecedor

de água	Tubo público Furo de sondagem Torneiras públicas num local seguro Poço escavado que esteja protegido primavera protegida	Poço escavado não tratado e não coberto Mola não protegida Água no carrinho ou no balde Água de saqueta não tratada Águas superficiais não tratadas (canal, lago)

Fonte: OMS e UNICEF (2000)

Tabela 2.4: Resumo dos requisitos para o nível de serviço de água

Nível/Fases	**Medida de acesso**	***Necessidades satisfeitas***
Falta de acesso (quantidade inferior a 5l/c/d)	Quando a recolha demora mais de 30 minutos ou o acesso é superior a um quilómetro	A higiene não pode ser garantida devido à descarga de partículas durante o período de recolha
O acesso mínimo de base com uma quantidade média não superior a 20 l/c/d	Quando a recolha demora entre 5 e 29 minutos ou quando o acesso se situa entre 500 metros e um quilómetro	A higiene só pode ser garantida se o consumo for efectuado na fonte
Acesso intermédio com uma quantidade média mínima de 50 l/c/d	Acesso ao abastecimento através de uma torneira na parcela	Higiene assegurada em qualquer consumo
Acesso ótimo com um mínimo de média	Acesso através de múltiplas torneiras em todos os pontos	O consumo reunido para uma boa saúde e bem-estar
quantidade igual ou superior a 100 l/c/d		

Fonte: OMS (2003)

2.4.2 Saneamento básico

De acordo com Abubakar (2017), o saneamento é um sistema que promove a eliminação adequada dos resíduos humanos através de instalações que separam os excrementos dos contactos humanos. Inclui sanitas com autoclismo, latrinas de fossa melhoradas e ventiladas, latrinas de fossa com laje e sanitas de compostagem e é normalmente utilizado apenas pelos membros de um agregado familiar. O nível de disponibilidade e acessibilidade adequada a saneamento melhorado é uma panaceia para a boa vida do agregado familiar. A Organização Mundial de Saúde (2000) indicou que a acessibilidade a um nível adequado de saneamento se reflecte na tecnologia que permite a eliminação dos excrementos humanos através de um sistema privado ou partilhado de eliminação de excrementos. Consequentemente, o acesso ao saneamento deve ser feito através de uma canalização estrutural e operacionalmente sólida ligada aos esgotos comunitários ou a sistemas no local através de fossas sépticas, autoclismos e latrinas melhoradas ventiladas.

O Relatório Africano sobre o Desenvolvimento dos Recursos Hídricos (2006) opinou que, para garantir um saneamento adequado, deve haver disponibilidade de sanita com autoclismo e lavatório e instalações necessárias para a higiene pessoal - água quente, uma banheira e um chuveiro em cada casa. Além disso, de acordo com a OMS e a UNICEF (2000), existe um critério considerado para medir o nível e as instalações essenciais para as actividades de saneamento num agregado familiar. Conforme apresentado na Tabela 2.5, as classes de serviços de saneamento que são consideradas "melhoradas" e "não melhoradas" durante o

Programa Conjunto de Monitorização da OMS e da UNICEF.

Quadro 2.5: Definições de saneamento "melhorado" e "não melhorado

	Melhorado	**Não melhorado**
Saneamento	A descarga da sanita deve ser feita para Esgoto canalizado Descarga para fossa séptica Latrina de fossa com cobertura Latrina de fossa melhorada ventilada (VIP) Latrina de fossa com laje coberta Sanita de compostagem	Enxaguar ou verter para; fosso sem laje Fossa aberta sem tampa Balde não coberto Latrinas suspensas Lixo à volta Chão aberto

Fonte: OMS e UNICEF (2000)

2.4.3 Recolha de resíduos

A recolha de resíduos envolve o processo de manuseamento e eliminação de resíduos sólidos que, se não forem tratados, podem representar graves riscos para a saúde e podem também ter um impacto negativo no agregado familiar (Afon & Okewole, 2007). Estes riscos para a saúde são um efeito resultante de animais e organismos que se alimentam de resíduos eliminados no ambiente. Isto porque os resíduos sólidos são substâncias ou materiais resultantes de actividades que são perigosas por natureza (Tchobanoglous, Theisen, & Vigil, 1993; Afon, 2005). Para garantir a limpeza e a redução dos riscos para a saúde em todas as casas, é necessário proceder a uma recolha e eliminação adequadas dos resíduos. Assim, deve haver pelo menos um contentor de plástico ou de metal coberto, com um período de recolha de pelo menos três vezes por semana e a eliminação num local de despejo organizado e recusado (Mohammed, 2011).

Por conseguinte, para garantir a eliminação e a recolha adequadas e acessíveis dos resíduos sólidos, a Organização Mundial de Saúde (2009) também afirmou que;

i. É necessário garantir que todos os resíduos produzidos a nível doméstico sejam colocados em contentores de plástico ou de metal para serem recolhidos três vezes por semana;

ii. Recolha adequada de resíduos na comunidade, a fim de evitar riscos para a saúde;

iii. Disponibilização de instalações de recolha e eliminação de resíduos em todas as casas, especialmente numa zona propensa a catástrofes;

iv. Deve haver acesso a contentores de recolha de resíduos em todas as casas e a um máximo de 100 metros de um ponto de recolha comunitário;

v. Os resíduos produzidos a nível doméstico devem ser recolhidos pelo menos diariamente ou os resíduos a nível comunitário devem ser recolhidos pelo menos três vezes por semana;

vi. Cada 10 agregados familiares devem ter acesso a, pelo menos, um contentor de lixo de 100 litros, caso o lixo doméstico não seja enterrado no local.

2.4.4 Abastecimento interno de energia

O acesso à energia doméstica é necessário para o desenvolvimento físico, social e económico de qualquer agregado familiar (Global Electricity Initiative, 2014; International Energy Agency, 2014; Tewathia, 2014). Isto porque as actividades domésticas, como cozinhar, lavar e passar a ferro, são impulsionadas pela energia doméstica, tornando-a assim a alma da sobrevivência humana. A energia doméstica permite, portanto, cozinhar, viver confortavelmente, iluminar e utilizar aparelhos através da biomassa (carvão vegetal, lenha) ou da energia moderna (querosene, gás de petróleo liquefeito e eletricidade) para uso doméstico (Ogwumike et al, 2014).

O acesso à eletricidade implica que em cada casa deve haver pelo menos lâmpadas, frigorífico, ventoinha, carregador de telemóvel e televisão a funcionar durante um mínimo de cinco horas por dia, e com um consumo total anual de 1250 kWh. Além disso, a biomassa (lenha ou carvão vegetal), a eletricidade, o carvão ou o querosene devem estar prontamente disponíveis para cozinhar em todas as casas (Oyedepo, 2012; Agência Internacional de Energia, 2014; World Energy Outlook, 2021). Do mesmo modo, o Objetivo de Desenvolvimento Sustentável 7 refere a necessidade de energia moderna limpa, segura e acessível nas casas, comunidades e nações. Isto é importante para o desenvolvimento físico, o crescimento económico, a vida sustentável e a qualidade de vida. Por conseguinte, o acesso à energia doméstica é importante para o bem-estar do agregado familiar.

2.5 A análise da capacidade de resistência das famílias ao défice de infra-estruturas

Esta secção centrou-se na revisão da literatura relacionada com a resiliência dos agregados familiares ao défice de infra-estruturas. A revisão incide sobre as características socioeconómicas dos chefes de família, o nível de défice de infra-estruturas experimentado pelas famílias e o impacto do défice de infra-estruturas no sistema social, económico e ambiental das famílias. Também analisou estudos anteriores sobre a resiliência dos agregados familiares ao défice de infra-estruturas e os factores que influenciam a resiliência dos agregados familiares ao défice de infra-estruturas.

2.5.1 Características socioeconómicas dos chefes de família

Os estudos documentaram os atributos socioeconómicos dos chefes de família como um fator determinante para examinar a opinião da família sobre a sua casa (Olawuyi & Rahji, 2012; Sarkar et al, 2014; Bilenkisi & Tapsin, 2015; Abubakar, 2017; Fakere & Ayoola, 2018). Estes estudos examinaram as características socioeconómicas dos chefes de família enquanto indivíduos e dos chefes de família enquanto líderes dos seus agregados familiares. Por exemplo, Sarkar et al, (2014) utilizaram o rendimento, a idade e o género dos agregados familiares para medir o seu nível de privação de acesso a infraestruturas em Bengala Ocidental, na Índia. Abubakar (2017) revelou que a dimensão e o género dos agregados familiares são um atributo socioeconómico importante para o acesso a instalações de saneamento entre os agregados familiares na Nigéria. Além disso, o estudo de Fakere e Ayoola (2018) concluiu que os atributos socioeconómicos dos agregados familiares, tais como o nível de educação, o estado civil, o género, o rendimento mensal, a dimensão do agregado familiar e a situação de emprego, eram preditores significativos na provisão de infraestruturas.

Do mesmo modo, Olawuyi e Rahji (2012) concluíram que as características socioeconómicas dos chefes de família, como a idade e o nível de instrução, são um parâmetro importante para medir a pobreza urbana e a deficiência de infra-estruturas no Estado de Ogun, na Nigéria. Estes estudos anteriores utilizaram atributos socioeconómicos do agregado familiar como indivíduo e do chefe do agregado familiar como líder do agregado familiar, uma variável explicativa para explicar a opinião sobre as infra-estruturas do agregado familiar. Por conseguinte, este estudo utilizou as características socioeconómicas dos chefes de família destes estudos anteriores para examinar a resistência ao défice de infra-estruturas domésticas na área de estudo.

2.5.2 Nível de défice de infra-estruturas sentido pelo agregado familiar

Os objectivos 6, 7 e 9 do Desenvolvimento Sustentável indicam que deve haver água potável e saneamento básico, energia doméstica limpa e fiável em todas as casas (PNUD, 2015). Estes objectivos não são compatíveis com a realidade das infra-estruturas domésticas nas zonas residenciais das nações em desenvolvimento. Como resultado, estudos documentaram o nível de défice no fornecimento de água, saneamento, recolha de resíduos e energia doméstica nas cidades dos países em desenvolvimento (Babawale, 2004; Bailie & Runcie, 2006; WHO & UNICEF, 2015; African Water Development Report, 2016; Daramola & Olawuni, 2017). Segundo o Relatório das Nações Unidas (2015), a nível mundial, cerca de mil milhões de pessoas defecam a céu aberto devido à falta de instalações sanitárias inadequadas. Além disso, em África, dois terços da sua população dependiam de instalações de saneamento não melhoradas, como latrinas de fossa sem laje, latrinas de descarga para fossa e defecação ao ar livre (UNICEF e OMS, 2015). O mesmo acontece na Nigéria, onde a maioria de dois terços dos agregados familiares não tem acesso a instalações de água potável melhoradas (UNICEF, 2018).

Do mesmo modo, Robic, Olshanskaya, Vrbensky e Morvaj (2010) revelaram que o Tajiquistão sofria de um caso agudo de deficiência energética doméstica no Tajiquistão. Meles (2020) revelou que a falta de acesso ao fornecimento de eletricidade é há muito reconhecida como um desafio fundamental ao desenvolvimento na Etiópia. Além disso, Bailie e Runcie (2006) examinaram o nível de acessibilidade dos agregados familiares à água da torneira, à latrina e ao lava-loiça da cozinha nas comunidades aborígenes do Território do Norte da Austrália. O estudo salienta a importância da falta de acesso às infra-estruturas dos agregados familiares nesta comunidade indígena. O nível de défice de infra-estruturas experimentado pelos agregados familiares nos países em desenvolvimento não é compatível com os objectivos de desenvolvimento sustentável 6, 7 e 9, que se centram no fornecimento de energia doméstica, água potável e saneamento em instalações melhoradas (UNICEF e OMS, 2015). Por conseguinte, este estudo examinou o nível de défice de infra-estruturas dos agregados familiares na área de estudo.

2.5.3 Impacto do défice de infra-estruturas nas famílias

Os agregados familiares nos centros urbanos dos países em desenvolvimento são seriamente afectados pela falta de infra-estruturas (UN-Habitat, 2013). Isto porque as infra-estruturas são necessárias para os benefícios sociais, económicos e ambientais das famílias. Nwachukwu, Ezedinma, e Jiburum, (2014); Tewathia, (2014) concluíram que o fornecimento de eletricidade ao nível dos agregados familiares é um elemento essencial para as actividades domésticas. O fornecimento adequado de eletricidade é útil para cozinhar alimentos, lavar roupa e iluminar o ambiente. Além disso, Abubakar (2017) concluiu que o nível de disponibilidade e acesso a instalações de saneamento melhoradas é fundamental para a saúde e o bem-estar dos agregados familiares.

A falta de infra-estruturas domésticas adequadas continuou a afetar as capacidades sociais, económicas e ambientais das famílias. Por exemplo, a falta de acesso a um abastecimento de água adequado conduz à subnutrição, à redução da produtividade, a banhos inconsistentes e reduz o valor da propriedade. O défice de saneamento e de recolha de resíduos conduz a uma má higiene ambiental, à defecação a céu aberto e à deposição de lixo nos arredores (OMS, 2006; Afon, 2007; Daramola, 2015; Yoade, 2019). Da mesma forma, o fornecimento inadequado de energia doméstica leva à privação do acesso a aparelhos electrónicos, à insegurança e ao calor persistente. Por conseguinte, o estudo do impacto da infraestrutura das famílias no bem-estar social, económico e ambiental das famílias é imperativo para uma vida sustentável.

2.5.4 Resiliência dos agregados familiares ao défice de infra-estruturas

Estudos identificaram a absorvibilidade, a adaptabilidade e a transformabilidade como uma estratégia de coping para a resiliência das famílias (Berkes, Colding & Folke, 2003; Walker, Abel, Andreis & Ryan, 2009; D'Errico, Pietrelli, & Romano, 2013; Jackson, 2014; Patryniak, 2016; Banco Mundial, 2016; Odunsi, 2020). Por exemplo, Berkes, Colding e Folke (2003), concluíram que as componentes absorvibilidade, adaptabilidade e transformabilidade são estratégias de coping essenciais ao stress em Portugal. Também D'Errico, Pietrelli e Romano (2013), sobre a resiliência dos agregados familiares à insegurança alimentar na Tanzânia e no Uganda, concluíram que a estratégia de adaptação é a dimensão mais importante que contribui para a resiliência dos agregados familiares.

Estes componentes foram utilizados por académicos em agregados familiares em cidades de todo o mundo. Por exemplo, o estudo de Walker et al, (2009) sobre a resiliência na área de captação de Goulburn-Broken, na Austrália, concluiu que os agregados familiares devem ter a capacidade e a tenacidade de continuar no seu estado sem a possibilidade de se deslocarem. Além disso, Patryniak (2016), ao medir os componentes da resiliência entre estudantes da Áustria, concluiu que as famílias têm a tenacidade de recuperar do stress através das capacidades de absorção, adaptação e transformação. Assim, estes estudos anteriores examinaram três estratégias de sobrevivência que são essenciais para atenuar o impacto do stress e dos choques. Este estudo também utilizou estas estratégias para examinar a resistência das famílias ao défice de infra-estruturas na área de estudo.

2.5.5 Factores que influenciam a capacidade de resistência dos agregados familiares ao défice de infra-estruturas

Vários factores que influenciam a resiliência das famílias ao défice de infra-estruturas foram documentados na literatura (Babawale, 2004; Ibem, 2009; Fakere & Ayoola, 2018). Por exemplo, Babawale (2004) concluiu que a escassez de fundos por parte do sector privado e das OBC é um fator importante que influencia a provisão de infra-estruturas na Nigéria. Devido à negligência do governo no fornecimento de infra-estruturas domésticas, a auto-provisão continua a ser o canal para a entrega de infra-estruturas em Akure. Assim, a auto-provisão não garante a provisão efectiva das infra-estruturas domésticas necessárias nesta área. Estes estudos anteriores revelaram que a falta de vontade do Governo, o financiamento inadequado do investidor privado e o autofinanciamento pouco fiável são factores que afectam a resistência das famílias ao défice de infra-estruturas. Foram considerados outros factores identificados, como as características socioeconómicas do recetor da infraestrutura e o impacto de uma infraestrutura inadequada na sua saúde e bem-estar.

2.6 Quadro teórico

Esta secção apresenta o quadro teórico para o estudo e está dividida em duas categorias. A primeira categoria centra-se nos modelos de resiliência que têm sido utilizados para explicar as estratégias de sobrevivência das famílias face ao défice de infra-estruturas. Duas teorias que são adoptadas neste estudo são: a Teoria do Sistema e a Teoria da Capacidade de Resiliência. A outra categoria inclui os modelos de estrutura espacial. Trata-se de teorias que permitem compreender o défice de infra-estruturas dos agregados familiares nas diferentes zonas de desenvolvimento da cidade. São elas o Modelo de Zona Concêntrica, o Modelo de Sector e o Modelo de Múltiplos Núcleos.

2.6.1 Modelos de resiliência

O quadro teórico deste estudo baseia-se em modelos de resiliência para explicar as componentes e as estratégias de resiliência utilizadas pelos agregados familiares nas zonas de desenvolvimento diferenciado da cidade. As teorias tratam das estratégias de sobrevivência utilizadas pelas famílias como efeito resultante do défice de infra-estruturas. Na explicação dos modelos de resiliência, foram apresentados vários modelos. Entre estes estão: a Teoria do Sistema (Ludwig Von Bertalanffy, 1940) e o Modelo de Capacidade de Resiliência (Bene et al, 2012). A Teoria dos Sistemas foi desenvolvida por Ludwig Von Bertalanffy (1940) como um conceito que ajuda a comparar sistemas de objectos. A teoria, no contexto do planeamento de infra-estruturas, forneceu a base para o assentamento humano como uma entidade evoluída em vez de um sistema mecânico (Scott, 1963; Bertalanffy, 1968; Mcloughlin, 1969). Na teoria, o ambiente humano é um sistema dinâmico que tem uma componente elástica que pode sofrer alterações em qualquer período de tempo, em vez de ser estático. Isto deve-se ao facto de a cidade ser composta por componentes vivos e não vivos, e de haver uma relação entre estes componentes.

Na teoria dos sistemas, a comunidade é também uma componente social caracterizada por pessoas de diferentes etnias, culturas, tamanhos e tipos, tendo cada uma a sua própria organização e padrão social (Whyte & Marshall, 1970; Haeuber & Ringold, 1998; Yli-Pelkonen & Niemela, 2005). Este estudo implica, portanto, a concetualização do subsistema humano (indivíduo,

O sistema de proteção do ambiente (teoria do sistema, família e sociedade) tem interacções sociais ligadas à cultura e à economia. A teoria do sistema, tal como utilizada nos estudos de resiliência, serviu de base para concetualizar a teoria da "Capacidade de Resiliência". Esta teoria é uma estrutura desenvolvida por Bene et. al. (2012) que reconheceu o significado da resiliência à luz da habilidade ou capacidade de qualquer sistema. Assim, os três componentes da resiliência são as capacidades de absorção, adaptação e transformação.

A capacidade de absorção é a capacidade dos agregados familiares para minimizar o défice de infra-estruturas, se possível, e/ou recuperar rapidamente em caso de défice num curto período de tempo (Bower et al, 2016; Patrynaik, 2016). De acordo com a Oxfam International (2017), a capacidade de absorção é a capacidade das pessoas de se protegerem do défice de infra-estruturas através da absorção de poucas infra-estruturas disponíveis durante um período de tempo (Oxfam International, 2017). O reforço da capacidade de absorção, tal como explicado na Oxfam International (2017), pode ser resumido em três categorias. A primeira implica a disponibilidade de sistemas de infra-estruturas funcionais que fornecem aos agregados familiares informações adequadas sobre o défice de infra-estruturas, a fim de oferecer soluções para a inadequação. A segunda categoria implica a proteção dos capitais natural, físico, social e humano. A proteção dos capitais natural e físico deve-se a estruturas e sistemas disponíveis e funcionais. A terceira categoria é a proteção do capital humano através da disponibilidade e funcionalidade dos sistemas de saúde e educação, do acesso à nutrição e do apoio à saúde social e mental.

A capacidade de adaptação é a capacidade dos agregados familiares de, em condições de mudança, estabelecerem escolhas proactivas e informadas relativamente às suas vidas e meios de subsistência (Bower et al., 2016). Descreve a capacidade de "modificar proactivamente as condições e práticas em antecipação da reação ao défice a médio prazo (Patrynaik, 2016). A Oxfam International (2017) descreve a capacidade adaptativa como ajustes incrementais intencionais escolhidos em resposta a mudanças iminentes, de modo a permitir uma maior flexibilidade no futuro. Tal como explicado na Oxfam International (2017), as actividades que reforçam a capacidade de resiliência de um sistema devem centrar-se na disponibilidade de uma utilização inclusiva e sustentável dos recursos naturais; em plataformas de participação, tomada de decisões e aprendizagem inovadora por parte dos agregados familiares; no acesso melhorado e sem restrições a recursos financeiros e económicos produtivos; em redes sociais acessíveis, equitativas e inovadoras; em inovações tecnológicas e sociais incrementais; e em quadros jurídicos e políticos de apoio que permitam a adaptação institucional e a continuidade da prestação de serviços.

A capacidade transformadora consiste em mudanças a nível do sistema que garantem resultados a longo prazo (Bower et al, 2016). É a capacidade de "criar as condições para facilitar a mudança sistémica e criar um ambiente positivo no qual as pessoas estão dispostas e são capazes de investir e inovar enquanto gerem o défice" (Patryniak, 2016). A capacidade de transformação fornece a base para a realização de mudanças intencionais para parar ou reduzir as causas do défice de infra-estruturas domésticas (Oxfam International, 2017). Para que qualquer programa reforce a capacidade de transformação, devem ser evidentes algumas indicações. A primeira é o planeamento e a execução de infra-estruturas pelas partes interessadas, incluindo o governo, os indivíduos e as organizações privadas. A segunda envolve lidar com as causas profundas do défice de infra-estruturas domésticas, como a pobreza e a privação, através do envolvimento das partes interessadas em processos de mudança inclusiva a longo prazo. A terceira consiste em resolver os conflitos existentes e persistentes no fornecimento de infra-estruturas, promovendo resoluções e a colaboração entre as partes interessadas afectadas. A quarta envolve a colaboração das partes interessadas na inovação, ensaio e adoção de novas abordagens de planeamento de infra-estruturas. A quinta implica os esforços colectivos das partes interessadas para gerar, descrever e trabalhar no sentido do desenvolvimento sustentável, da participação pública ou da governação inclusiva.

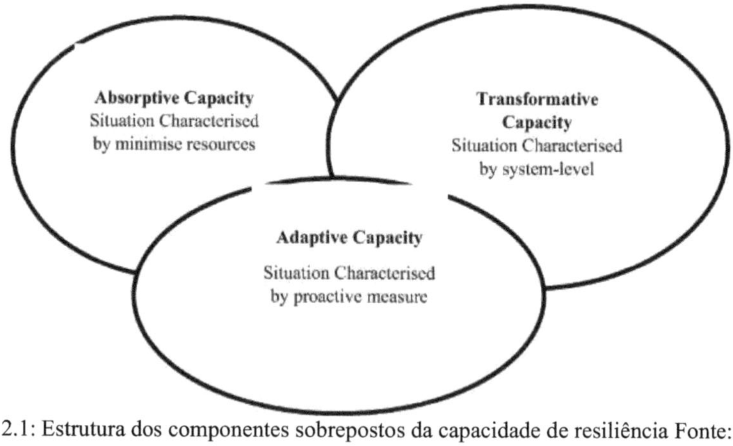

Figura 2.1: Estrutura dos componentes sobrepostos da capacidade de resiliência Fonte: Oxfam International (2017)

As interacções, tal como ilustradas na Oxfam International (2017), representam capacidades de resiliência sobrepostas que mostram que existem interligações entre estas capacidades (ver figura 2.1). Em suma, as capacidades de absorção, adaptação e transformação estão interligadas e reforçam-se mutuamente, existindo a vários níveis, por exemplo, individual, familiar, comunitário, nacional e nos sistemas socioecológicos.

2.6.2 Estrutura espacial

Os modelos de estrutura espacial explicam a variação das infra-estruturas domésticas e as características das várias zonas de desenvolvimento da cidade. Estes modelos têm em consideração as dimensões sociológica, económica e ambiental do crescimento da cidade. Nestas teorias, a variação da estrutura física e do contexto socioeconómico dos agregados familiares nas cidades é bem explicada (Afon, 2007). De acordo com Balchin (2000), a cidade caracteriza-se por uma estrutura física e uma população heterogéneas. É uma agregação de áreas homogéneas mais pequenas. Além disso, as interacções espaciais entre os vários elementos de uma cidade são as suas características permanentes, uma vez que nenhum assentamento dos seus componentes existe isoladamente (Jinadu, 2006). Assim, a cidade é um fenómeno social e um ser social com diferentes contextos residenciais, cada um com as suas características únicas.

Existem modelos postulados para compreender o padrão e o crescimento urbano nas cidades de todo o mundo. Em particular, o modelo da zona concêntrica, a análise setorial e os núcleos múltiplos foram frequentemente considerados ideais e clássicos (Ayeni, 1979; Afon, 2007). A explicação destas teorias estava relacionada com o ambiente urbano e o padrão espacial centrado nos usos do solo. Ernest W. Burgess desenvolveu a zona concêntrica em 1925, conceptualizando a cidade de Chicago. O modelo postulava que a cidade girava em torno de um anel, irradiando a partir do centro da cidade (Figura 2.1). Este modelo estabeleceu que o crescimento a partir do centro da cidade é um efeito resultante das características socioeconómicas dos residentes e que o desenvolvimento de qualquer cidade é relativamente uniforme a partir do centro da cidade. No entanto, o modelo de zona concêntrica não é aplicável à maioria das cidades nigerianas.

Em 1939 e 1945, Homer Hoyt e Harris e Ullman propuseram os modelos de análise setorial e de núcleos múltiplos (Figura 2.2), respetivamente. De acordo com Hoyt, o crescimento da área urbana ocorre de forma setorial na rota de transporte do centro da cidade para o subúrbio. A forma setorial é um reflexo da classificação da população com base no seu rendimento e estatuto social. Isto porque cada sector é constituído por características físicas, culturais e sociais relativamente homogéneas. Além disso, o modelo de núcleos múltiplos parte do pressuposto de que, em qualquer área urbana, existem diversos centros urbanos que podem suportar o sistema físico, social e económico, ao contrário dos modelos concêntrico e setorial. Neste sentido, uma área urbana desenvolve-se em torno de muitos centros completamente separados.

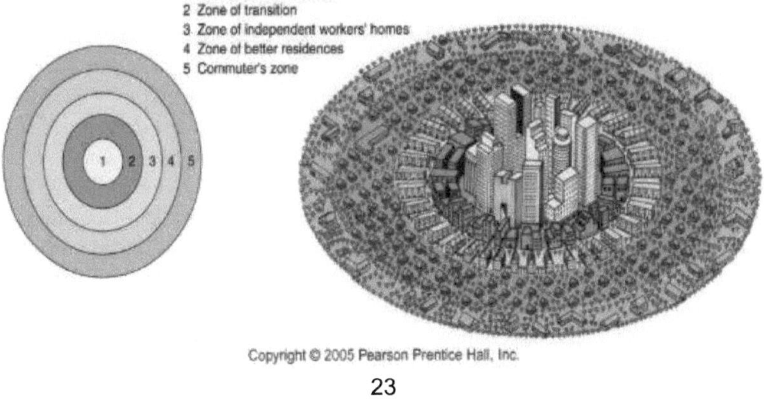

Figura 2.2: O modelo da zona concêntrica
Fonte: Burgess (1925)

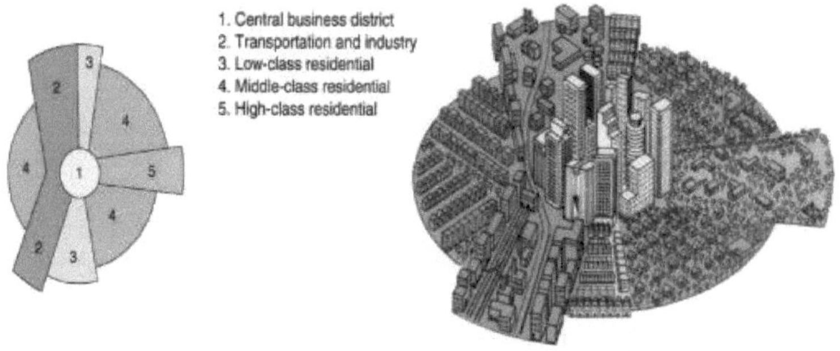

Figura 2.3: O modelo setorial
Fonte: Hoyt (1939)

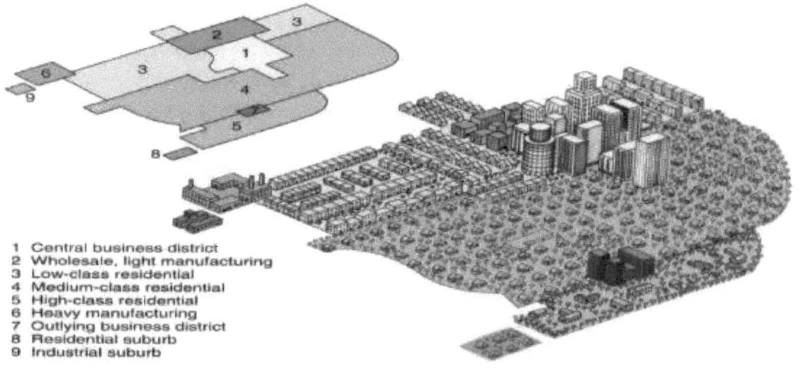

Figura 2.4: O modelo de múltiplos núcleos
Fonte: Harris e Ullman (1945)

A aplicação destes modelos na maior parte dos países em vias de desenvolvimento atraiu várias críticas devido aos seus pressupostos generalizados (Mabogunje, 1968; Ayeni, 1979). Não obstante, uma caraterística intrínseca destes modelos é que cada um deles reconhece a existência de pelo menos três zonas de desenvolvimento diferentes numa área urbana. Do mesmo modo, os modelos confirmaram separadamente que existem diferenças nas infra-estruturas domésticas disponíveis em cada zona. Essencialmente, cada um dos modelos reconheceu que os residentes de cada zona de desenvolvimento têm atributos sociais e económicos homogéneos. Este facto é semelhante às conclusões de Mabogunje (1968), Onibokun (1985), Egunjobi (1987) e Daramola (2015) sobre as cidades tradicionais nigerianas típicas. Assim, o modelo de múltiplos núcleos é o modelo de estrutura urbana aplicável ao contexto da Nigéria e o mais adequado para este estudo. Isto baseia-se no facto de a área de estudo (Ogbomoso) ser uma povoação com múltiplos centros.

Como observado por Afon (2007), uma cidade tradicional típica na Nigéria é composta por três zonas homogéneas distintas. Estas são a zona central, a zona de transição e a zona suburbana. O desenvolvimento destas zonas foi atribuído a três períodos históricos do país: o período pré-colonial, o período entre o domínio colonial e a independência e o período pós-independência. Na zona central, os residentes eram basicamente indígenas e a sua habitação situa-se no centro da cidade. A zona tem um palácio, um mercado e uma câmara municipal no centro, antes de qualquer outro desenvolvimento na cidade. Da mesma forma, os edifícios na zona central foram atribuídos ao tipo tradicional com paredes de barro e infra-estruturas domésticas inadequadas. A maioria das casas no centro estão ligadas por caminhos pedonais, tornando o acesso de veículos impossível e por vezes muito difícil.

A zona de transição ou a zona de desenvolvimento intermédio foi desenvolvida devido à procura que surgiu dos residentes que são tanto indígenas como não indígenas com um nível de rendimento médio. Os residentes da zona de transição têm um nível de rendimento que exige um acesso justo a uma boa vida, ao contrário dos residentes da zona central. No entanto, os edifícios desta zona, ao contrário dos da zona central, estão bem implantados, com acessibilidade adequada à estrada e a outras infra-estruturas urbanas. A técnica de construção dos edifícios, como o material de construção, o padrão das casas, entre muitas outras características, e as características socioeconómicas e a composição étnica dos residentes desta zona diferem das da zona central de desenvolvimento (Mabogunje 1968). Além disso, as infra-estruturas domésticas nesta zona eram relativamente mais justas do que na zona de desenvolvimento central. Na zona de desenvolvimento suburbano, a composição étnica dos residentes é mais heterogénea, mas com um estatuto socioeconómico elevado (rendimento, educação, posse de automóvel). O desenvolvimento da construção nesta zona é bem planeado e os residentes têm mais acesso às infra-estruturas domésticas. Além disso, a densidade habitacional na zona suburbana é menor quando comparada com as outras duas zonas.

Com base no exposto, as três zonas de desenvolvimento têm características geográficas permanentes em termos de localização, tipo de construção e estrutura. Do mesmo modo, o sistema social, económico e cultural dos residentes nas três zonas é objetivamente descrito através da caraterística geográfica permanente do centro urbano. Com base nas propostas destas teorias, o estudo avaliou a resiliência dos agregados familiares ao défice de infra-estruturas nas zonas de desenvolvimento da metrópole de Ogbomoso, na Nigéria.

CAPÍTULO 3

METODOLOGIA

3.1 Preâmbulo

Este capítulo fornece informações sobre os métodos e procedimentos utilizados na realização desta investigação. As secções do capítulo incluem as fontes de dados, o método de recolha de dados, a população do estudo, os procedimentos de amostragem e as técnicas de análise de dados.

3.2 Recolha de dados

Para este estudo, foram recolhidos dados de fontes primárias e secundárias. Os dados primários são aqueles que são recolhidos principalmente pelo investigador, enquanto os dados secundários são aqueles que foram obtidos a partir de trabalhos publicados.

3.2.1 Fontes de dados primários

Para a recolha de dados primários, as informações foram obtidas através da observação física e da administração de um questionário aos residentes das três zonas de desenvolvimento de Ogbomoso. O questionário aborda os atributos socioeconómicos dos chefes de família, tais como o sexo, a idade, o rendimento, o nível de escolaridade, entre outros. Além disso, o questionário avalia o nível e o impacto do défice de infra-estruturas, bem como o nível de capacidade das famílias para absorver, adaptar-se e transformar-se do impacto do défice de infra-estruturas.

3.2.2 Processo de amostragem, base de amostragem e dimensão da amostra

Neste estudo, foi utilizado um processo de amostragem em várias fases. A primeira fase consiste na identificação das zonas residenciais nas zonas governamentais locais de Ogbomoso Sul e Ogbomoso Norte. Foram identificadas 114 áreas residenciais em Ogbomoso, que são constituídas por 53 áreas residenciais em Ogbomoso South LGA e 61 áreas residenciais em Ogbomoso North LGA. A segunda fase é a estratificação das zonas residenciais identificadas em três zonas de desenvolvimento: núcleo, transição e suburbana. De acordo com a informação obtida a partir do inquérito de reconhecimento, tal como consta do Quadro 3.1, em Ogbomoso South LGA foram identificadas 15, 18 e 20 zonas residenciais nas zonas central, de transição e suburbana, respetivamente. Do mesmo modo, o Quadro 3.2 mostra que foram identificadas 23, 11 e 27 áreas residenciais nas zonas central, de transição e suburbana da LGA de Ogbomoso Norte, respetivamente.

Quadro 3.1: Áreas residenciais identificadas na administração local de Ogbomoso Sul

Desenvolvimento Zonas	Zonas residenciais	Total
Núcleo	Ilogbo, Ijeru, Lagbedu, Ago-Ife, Molete, Arowomole, Oke-	15
	Isoko, Papa Abede, Akata, Isapa, Ologbo-Agbede, Akunko, Ibapon, Isoko e Idi-Isin	
Transição	Obadare, Gboye, Ahoyaya, Oke Alapata, Ire Akari, Olopemarun, Odokoto, Odo-Agbon, Boluwaduro Isapa, Majekobaje, Olorunsogo, Masifala, Caretaker, J. K Atanda, Idi-Oro, Igboyi e Odo Igboho	18
Suburbano	Ifesowapo, Agric, Technical, Surulere, Seventh day, Orelope Bible College, Oluwatedo, Sanu Aje, Oluwamodupe, Orelope, Oke Osuru, Boluwaduro, Irewolede, Ifedara, Ayedire, Obandi, Ajegunle, Owolaake, Aje-Iya e Arinkinkin	20

Total		53

Fonte: Adaptado de Ayanwole (2017), Atualização do autor (2023)

Quadro 3.2: Áreas residenciais identificadas na administração local de Ogbomoso Norte

Desenvolvimento Zonas	Zonas residenciais	Total
Núcleo	Isale Ora, Ogunbado, Ladanu, Alafia Oluwa, Osupa, Oja-igbo, Oja-Jagun, Ita-Popo, Takie, Laka, Saja, Bolanta Masifa, Taraa, Ogbegun, Aguodo, Isale Alaasa, Abogunde, Isale Afon, Aaje, Oke-Agbede, Okeelerin, Ode-Abosa e Patemota	23
Transição	Surulere Adiatu, Randa, Oke-Aanu, Agboin, Sabo, Kinira, Taraa, Oke-Ado, Apake, Alasa Layout e Agbowo	11
Suburbano	Soun, Kuye, Safejo, Baby, Iwagba, Aduin, Ayedade, Temidire, Igbosai, Owode, Oke-Owode, Omosin, Ile-Ewe, Aroje, Adenike, Afatedo, Kere, Yoaco, Under G, Aje Ikose, Isale General, General, Ikose, Ajilete Housing Estate e Abaa	27
Total		**61**

Fonte: Adaptado de Ayanwole (2017), Atualização do autor (2023)

A terceira fase é a seleção das zonas residenciais para a administração do questionário. Devido à homogeneidade das áreas em cada zona, foi selecionada uma área residencial por amostragem aleatória sem substituição em cada zona das ZD de Ogbomoso Sul e Norte. Tal como consta do Quadro 3.3, Arowomole e Osupa, Ahoyaya e Oke-Aanu, Owolaake e Aroje foram seleccionadas para o estudo nas zonas de desenvolvimento central, de transição e suburbana, respetivamente.

Tabela 3.3: Áreas residenciais seleccionadas nas duas áreas do governo local

Desenvolvimento Zonas	Número de zonas residenciais em Ogbomoso Sul LGA	Selecionado Residencial Zonas de Ogbomoso South LGA	Número de zonas residenciais em Ogbomoso Norte LGA	Residencial selecionado Zonas de Ogbomoso North LGA
Núcleo	15	Arowomole	23	Osupa
Transição	18	Ahoyaya	11	Oke-Aanu
Suburbano	20	Owolake	27	Aroje
Total	**53**		**61**	

Fonte: Inquérito do autor (2023)

Para a administração do questionário, os resultados das imagens do Google Earth, juntamente com o levantamento de reconhecimento, revelaram que existem 2229 edifícios residenciais nas áreas seleccionadas. Este total inclui 898, 724 e 607 edifícios residenciais nas zonas centrais, de transição e suburbanas, respetivamente. Foi utilizada a técnica de amostragem aleatória sistemática para selecionar os residentes da amostra. Neste caso, foi selecionado aleatoriamente o primeiro edifício. As unidades de investigação subsequentes foram cada 10º edifício nas áreas seleccionadas. Assim, conforme apresentado na Tabela 3.4, foram amostrados 221 edifícios residenciais nas zonas residenciais seleccionadas na área de estudo.

As pessoas-alvo para a administração do questionário foram os chefes de família, para chegar a 221 residentes que formam o tamanho da amostra para o estudo. Isto inclui 89 inquiridos na zona central, 72 na zona de transição e 60 na zona suburbana.

Tabela 3.4: Zonas de desenvolvimento, áreas residenciais seleccionadas e número de casas

Desenvolvimento Zonas	Residencial selecionado Áreas	Estimativa do número de habitações nas zonas seleccionadas	N.º de seleccionados Casas
Núcleo	Arowomole, Osupa	898	89
Transição	Ahoyaya, Oke-Aanu	724	72
Suburbano	Owolaake, Aroje	607	60
Total	**6**	**2,229**	**221**

Fonte: Inquérito do autor (2023)

3.2.3 Dados secundários

Os dados secundários, tais como mapas, foram obtidos da Agência Nacional de Investigação e Desenvolvimento Espacial (NASRDA) e do Google Imagery 2022. Além disso, o número de áreas residenciais foi obtido junto do Departamento de Terras e Planeamento Urbano das áreas governamentais locais de Ogbomoso Sul e Norte.

3.3 Análise dos dados

Os dados recolhidos foram analisados utilizando estatísticas descritivas e inferenciais com base nos objectivos.

Objetivo 1

O objetivo era examinar as características socioeconómicas dos chefes de família em Ogbomoso, na Nigéria. Os dados obtidos consistem em variáveis socioeconómicas como o sexo, a idade, o rendimento, a dimensão do agregado familiar e o nível de instrução. Na análise dos dados, foram utilizadas estatísticas descritivas e inferenciais, tais como tabulação cruzada, média, teste do qui-quadrado e ANOVA. A ANOVA foi utilizada para determinar uma variação significativa nos dados contínuos, como a idade, o rendimento mensal médio, o ano passado a frequentar o ensino formal e a dimensão do agregado familiar, enquanto o teste do Qui-quadrado foi utilizado para os dados categóricos, como o género, o tipo de casa, a profissão e o nível de ensino mais elevado atingido.

Objetivo 2

O objetivo era avaliar o nível e o impacto do défice de infra-estruturas na área de estudo. Os dados recolhidos incluem variáveis sobre o acesso às infra-estruturas domésticas e o impacto do défice de infra-estruturas nos agregados familiares da área de estudo. Os dados recolhidos foram analisados utilizando a distribuição de frequências, a tabulação cruzada e os índices de gravidade relativa. Os inquiridos foram instruídos a classificar o nível de gravidade do impacto do défice de infra-estruturas domésticas no seu agregado familiar e nas zonas de desenvolvimento utilizando uma das cinco escalas de Likert de "Nada grave", "Pouco grave", "Moderado", "Grave", "Muito grave". As análises das classificações indicadas pelos residentes a partir das escalas de Likert adoptadas evoluíram para índices denominados "Índice de Impacto Relativo" [RII]. Para chegar ao RII, foram atribuídos valores de peso de 5,4,3,2 e 1, respetivamente, a "Nada Grave", "Pouco Grave", "Moderado", "Grave", "Muito Grave".

Isto é expresso matematicamente como;

$$TWV = \sum_{i=1}^{5} PiVi \ldots\ldots (i)$$

Onde: TWV é o valor do peso total,

Pi é o número de inquiridos para a classificação *i*

Vi é o peso atribuído ao atributo *i*

O Valor de Peso Total (VPP) para cada impacto foi calculado com base no número de inquiridos (221) e no índice médio para cada uma das características, que é designado por Índice de Impacto Relativo (IIR).

Objetivo 3

O objetivo era examinar o nível de capacidade dos agregados familiares para absorver, adaptar e transformar o impacto do défice de infra-estruturas na área de estudo. Foram recolhidos dados sobre variáveis para medir a capacidade de absorção, adaptação e transformação. Da mesma forma, os residentes deviam expressar a sua opinião utilizando uma das cinco escalas de Likert de "Discordo totalmente", "Discordo", "Concordo apenas", "Concordo" e "Concordo totalmente". A análise das classificações indicadas pelos residentes a partir das escalas de Likert adoptadas evoluiu para índices denominados "Índice de Capacidade Relativa" (ICR). Para obter o ICR, foram atribuídos valores de peso de 5,4,3,2 e 1, respetivamente, a "Discordo fortemente", "Discordo", "Concordo apenas", "Concordo" e "Concordo fortemente".

O índice médio de concordância dos residentes *(IRA)* foi calculado a partir das opiniões dos inquiridos, seguido do desvio médio (DM) e do desvio-padrão. Isto pode ser expresso matematicamente da seguinte forma

$$\overline{X} = \sum F_i / n \ldots\ldots (1)$$

F_i = Frequência do nível de capacidade *i*

n = Número total das variáveis identificadas na área de estudo.

$$WV = F_i V_i \ldots\ldots (2)$$

O Valor Ponderado (VP) para cada capacidade de resposta foi obtido como o produto do número de inquiridos para cada variável e os respectivos valores de peso.

WV = Valor ponderado

F_i = Frequência da capacidade de resposta *i*

V_i = Peso associado à capacidade de resposta *i*

Além disso, a Soma dos Valores Ponderados (SWV) para cada capacidade de sobrevivência foi obtida através da adição do produto das respostas de cada classificação e dos respectivos valores de peso, da seguinte forma

$$SWV = \sum F_i V_i \ldots\ldots (3)$$

SWV=Soma dos valores ponderados

F_i =Frequência da classificação da capacidade de resposta *i*

V_i =Peso associado à capacidade de resposta *i*

Por conseguinte, o Índice de Concordância dos Residentes *(IRR*) para cada estratégia de sobrevivência foi obtido dividindo o *SWV* de cada capacidade pelo número total de inquiridos. Este cálculo pode ser efectuado matematicamente da seguinte forma

$$\overline{RAI} = \sum F_i V_i / N \ldots\ldots (4)$$

A soma do *RAI* na área de estudo foi dividida pelo número total das variáveis identificadas.

Assim, foram calculados o Desvio Médio (DM), a Variância (V), o Desvio Padrão (DP) e o Coeficiente de Variância (CV) da capacidade na área de estudo.

Objetivo 4

O objetivo era determinar os factores que influenciam a resiliência dos agregados familiares ao défice de infra-estruturas na área de estudo. Foram recolhidos dados sobre as características socioeconómicas dos agregados familiares, como a idade, o sexo, o nível de rendimento e o nível de escolaridade, bem como sobre o impacto do défice de infra-estruturas nos chefes de família. Os dados relativos ao objetivo foram submetidos a estatísticas inferenciais, tais como análises de correlação, análise de factores e análises de regressão múltipla.

CAPÍTULO 4

RESULTADOS E DISCUSSÃO

4.1 Preâmbulo

Este capítulo incluiu a análise e interpretação dos dados sobre a resiliência dos agregados familiares ao défice de infra-estruturas em Ogbomoso. A análise inclui as características socioeconómicas dos chefes de família, o nível e o impacto do défice de infra-estruturas das famílias, o nível de capacidade das famílias para absorver, adaptar-se e transformar-se do impacto do défice de infra-estruturas e os factores que influenciam a resiliência das famílias ao défice de infra-estruturas. A análise foi efectuada com os resultados a serem discutidos com base nas três zonas de desenvolvimento delineadas para efeitos do estudo. Salvo indicação em contrário, os quadros deste capítulo são resultados do inquérito de campo do autor em 2023.

4.2 Características socioeconómicas e de habitação dos chefes do agregado familiar

As características socioeconómicas dos chefes de família examinadas neste estudo incluem o sexo, o estado civil, o nível de escolaridade, a idade, a profissão, o rendimento médio mensal e a dimensão do agregado familiar. As características da habitação incluem o tipo de casa e a posse da casa. Estas características socioeconómicas e atributos da habitação foram considerados importantes com base nos estudos de Daramola e Olowoporoku (2016), Daramola (2017), Mobolaji et al (2022), Daramola et al (2023), que afirmam que as características socioeconómicas e os atributos da habitação são variáveis significativas para examinar a opinião das pessoas sobre as suas casas. Além disso, os trabalhos de Olawuyi e Rahji, (2012), Bilenkisi e Tapsin, (2015), Owolabi (2017) estabeleceram a influência das características socioeconómicas e habitacionais dos chefes de família como base para a resiliência das famílias ao défice de infra-estruturas.

4.2.1 Género dos inquiridos

A partir do resumo apresentado na Tabela 4.1, foi estabelecido nas três zonas de desenvolvimento que 62,8% dos inquiridos eram do sexo masculino, enquanto 37,2% eram do sexo feminino. As conclusões sobre cada uma das zonas de desenvolvimento revelaram que 67,4% dos inquiridos na zona central eram do sexo masculino, enquanto 32,6% eram do sexo feminino. Na zona de transição, 61,1% dos inquiridos eram do sexo masculino, enquanto 38,9% eram do sexo feminino. A proporção para a zona suburbana era de 58,3% para os homens e 41,7% para as mulheres. Estes resultados em cada zona indicam que ambos os géneros estão bem representados. Como resultado, os resultados permitiram ao estudo determinar a resiliência das famílias ao défice de infra-estruturas na área de estudo com base no género dos inquiridos. Além disso, os resultados do Qui-Quadrado (x = 2,718, p = 0,742, a = 0,05) indicaram que não havia uma associação significativa entre o género e as zonas de desenvolvimento.

Tabela 4.1: Género dos inquiridos

Zonas de desenvolvimento	Género dos inquiridos		Total
	Masculino	Feminino	
Núcleo	60 67.4%	29 32.6%	89 100%
Transição	44 61.1%	28 38.9%	72 100%
Suburbano	35	25	60

	58.3%	41.7%	100%
Total	139 62.8%	82 37.2%	221 100.0%
Teste do Qui-Quadrado			
Variável	**Df**	**X^2**	**Sig. (2 - cauda)**
Zonas de desenvolvimento	3	2.718	.742

***O nível de significância (a) é igual a 0,05 num teste de 2 caudas**

4.2.2 Estado civil dos inquiridos

O estado civil dos inquiridos foi categorizado em dois: casado e já foi casado. Um chefe de família casado é o parceiro de qualquer pessoa no matrimónio, enquanto o chefe de família que foi casado é qualquer pessoa que já não está no matrimónio, seja como viúvo ou divorciado. A partir do resumo apresentado na Tabela 4.2, foi estabelecido nas três zonas de desenvolvimento que 82,8% dos inquiridos eram casados, enquanto 17,2% tinham sido casados. Outras conclusões em cada zona de desenvolvimento indicaram que 68,5% dos inquiridos na zona central eram casados, enquanto 31,5% tinham sido casados. Nas zonas de transição e suburbanas, 93,1% e 91,7% dos inquiridos eram casados, respetivamente. Do mesmo modo, 6,9% e 8,3% dos inquiridos foram casados nas zonas de transição e suburbanas, respetivamente.

Os resultados das conclusões sobre o estado civil dos inquiridos não são inesperados, uma vez que os inquiridos eram chefes de família com maturidade suficiente para dar informações exactas sobre as suas casas. Na mesma linha, os resultados do Qui-Quadrado (x = 2,709, p = 0,740, a = 0,05) indicaram que não havia uma associação significativa entre o estado civil e as zonas de desenvolvimento.

Quadro 4.2: Estado civil dos inquiridos

Zonas de desenvolvimento	**Estado civil** **Casado**	**Já foi casado**	**Total**
Núcleo	61 68.5%	28 31.5%	89 100%
Transição	67 93.1%	5 6.9%	72 100%
Suburbano	55 91.7%	5 8.3%	60 100%
Total	183 82.8%	38 17.2%	221 100.0%
Teste do Qui-Quadrado			
Variável	**Df**	**X^2**	**Sig. (2 - cauda)**
Zonas de desenvolvimento	3	2.709	.740

***O nível de significância (a) é igual a 0,05 num teste de 2 caudas**

4.2.3 Nível de escolaridade dos inquiridos

O resumo dos resultados sobre o nível de escolaridade dos inquiridos foi dividido em níveis primário, secundário e superior. Tal como apresentado no Quadro 4.3, verificou-se que 51,2% dos inquiridos nas três zonas de desenvolvimento possuíam o ensino superior, pelo que os inquiridos estavam habilitados a fornecer informações sobre o discurso. Da mesma forma, verificou-se que 33,7% e 44,9% no núcleo tinham o ensino primário e secundário, respetivamente; este valor mudou para 29,2% e 56,9% na zona de transição, enquanto 8,3% e 88,4% atingiram o nível de ensino secundário e superior na zona suburbana, respetivamente. Os resultados dos testes de Qui-quadrado (x = 4,124, p = 0,817, a = 0,05) também revelaram que existia uma associação significativa entre as zonas de desenvolvimento e o nível de educação dos inquiridos. Consequentemente, o nível de instrução dos inquiridos aumentou das zonas centrais para as zonas suburbanas.

Quadro 4.3: Habilitações literárias dos inquiridos

Zonas de desenvolvimento	Nível de escolaridade			Total
	Primário	**Secundário**	**Terciário**	
Núcleo	30 33.7%	40 44.9%	19 21.4%	89 100%
Transição	10 13.9%	21 29.2%	41 56.9%	72 100%
Suburbano	2 3.3%	5 8.3%	53 88.4%	60 100%
Total	42 19.0%	66 29.8%	113 51.2%	221 100.0%
Teste do Qui-Quadrado				
Variável	**Df**	X^2	**Sig. (2 - cauda)**	
Zonas de desenvolvimento	3	4.124	.817	

***O nível de significância (a) é igual a 0,05 num teste de 2 caudas**

4.2.4 Idade dos inquiridos

A idade desempenha um papel importante porque a maturidade pode influenciar a capacidade de resistência dos agregados familiares às questões ambientais (Yong, 2005; Schultz et al, 2005). A idade dos inquiridos foi dividida em: menos de 40 anos (jovens adultos), entre 40 e 59 anos (adultos) e a partir dos 60 anos (idosos). Conforme apresentado no Quadro 4.4, nas três zonas de desenvolvimento, 44,7% dos inquiridos tinham entre 40 e 59 anos, 25,4% tinham menos de 40 anos e 29,9% tinham mais de 60 anos. Exceto na zona central, onde 57,4% dos inquiridos tinham mais de 60 anos, 72,3% e 43,3% dos inquiridos nas zonas de transição e suburbanas tinham entre 40 e 59 anos, respetivamente. Por conseguinte, nas três zonas de desenvolvimento, a idade média era de 62 anos na zona central, 44 anos na zona de transição e 42 anos na zona suburbana. No total, os resultados indicaram que a idade dos inquiridos estava a diminuir das zonas centrais para as suburbanas.

Tabela 4.4: Idade dos inquiridos

Desenvolvimento	Idade dos inquiridos			Total
Zonas	**Menos de 40**	**40 - 59**	**60 anos ou mais**	
Núcleo	17 19.1%	21 23.5%	51 57.4%	89 100%
Transição	15 20.8%	52 72.3%	5 6.9%	72 100%
Suburbano	24 40.0%	26 43.3%	10 16.7%	60 100%
Total	56 25.4%	99 44.7%	66 29.9%	221 100.0%

4.2.5 Duração da estadia dos inquiridos

Foram feitas constatações sobre o tempo de permanência dos inquiridos nas três zonas de desenvolvimento da área de estudo. De acordo com Lindell e Perry (2000), Eisenman et al. (2006), o tempo de permanência dos inquiridos num ambiente influencia a sua preocupação com quaisquer questões ambientais. Isto porque, quanto mais tempo as pessoas vivem numa área, maior é a probabilidade de compreenderem os desafios ambientais prevalecentes na sua área. Os anos de vida foram categorizados em: 1 a 3 anos, 4 a 7 anos e mais de 8 anos.

A partir da informação apresentada na Tabela 4.5, foi estabelecido nas três zonas de desenvolvimento que 49,9% dos inquiridos permaneceram mais de oito (8) anos e foram capazes de tomar conhecimento do défice de infra-estruturas nas suas casas e na comunidade. Os resultados revelaram que, nas zonas centrais e de transição, 56,3% e 59,8% tinham permanecido mais de 8 anos, enquanto na zona suburbana 45,0% dos inquiridos tinham permanecido entre 4 e 7 anos. Estas constatações podem ser atribuídas às variações nos anos de existência de cada zona de desenvolvimento, como é evidente nas cidades africanas tradicionais, onde o núcleo era datado da era pré-colonial, a transição da era colonial e a zona suburbana da era pós-colonial (Mabogunje, 1968; Daramola, 2012; Daramola, 2015). Por conseguinte, o tempo de permanência dos inquiridos na sua casa ajuda a validar a sua informação sobre o assunto em questão.

Quadro 4.5: Duração da estadia dos inquiridos

Desenvolvimento	Duração da estadia			Total
Zonas	1 - 3	4 - 7	Acima de 8	
Núcleo	8 8.9%	31 34.8%	50 56.3%	89 100%
Transição	11 15.2%	18 25.0%	43 59.8%	72 100%
Suburbano	16 26.6%	27 45.0%	17 28.4%	60 100%
Total	35 15.8%	76 34.3%	110 49.9%	221 100.0%

4.2.6 Profissão dos inquiridos

A ocupação dos inquiridos foi categorizada em sector público, sector privado, empresas e artesãos. Como se pode ver na Tabela 4.6, não se observou uma variação significativa na distribuição da ocupação dos inquiridos nas três zonas de desenvolvimento. Por conseguinte, pode ser apontado que a distribuição ocupacional dos inquiridos era capaz de influenciar a resiliência dos agregados familiares ao défice de infra-estruturas na área de estudo.

Tabela 4.6: Ocupação dos inquiridos

Desenvolvimento Zonas	Ocupação				Total
	Público Sector	Privado Sector	Empresas	Artesãos	
Núcleo	8 8.9%	7 7.8%	33 37.1%	41 46.2%	89 100%
Transição	13 18.1%	11 15.2%	21 29.1%	27 37.6%	72 100%
Suburbano	20	18	17	5	60

	33.3%	30.0%	28.3%	8.4%	100%
Total	41 18.5%	36 16.2%	71 32.1%	73 33.2%	221 100.0%

4.2.7 Distribuição dos rendimentos dos inquiridos

A Tabela 4.7 apresenta a distribuição do rendimento médio mensal dos inquiridos nas três zonas de desenvolvimento. Para facilitar a análise, os dados quantitativos iniciais foram agrupados em cinco classes. Estas são o grupo de rendimento inferior a N50.000, o segundo grupo é para os inquiridos com N50.000 a N99.999, enquanto o terceiro é para os inquiridos que ganham N 100.000 a N 149.999. As duas classificações superiores do grupo de rendimentos começam com os inquiridos que ganham entre 150 000 e 199 999 euros, enquanto o grupo de rendimentos mais elevado inclui os inquiridos que ganham 200 000 euros ou mais. Verificou-se que 64,2% e 70,8% dos inquiridos nas zonas centrais e de transição ganhavam menos de N50.000, exceto na zona suburbana, onde 53,3% ganhavam entre N100.000 e N149.999. A ANOVA realizada estabeleceu que a distribuição de rendimentos dos inquiridos variava significativamente entre as zonas de desenvolvimento ($F = 12,817$; $p < 0,05$). No entanto, os resultados indicaram que o rendimento é um fator de previsão da resistência das famílias ao défice de infra-estruturas.

Quadro 4.7: Distribuição do rendimento dos inquiridos

Desenvolvimento Zonas	**Rendimento (N)**					**Total**
	Menos do que 50000	**50,000 - 99999**	**100000 149999**	**150000 199999**	**200000 & acima**	
Núcleo	57 64.2%	24 26.9%	6 6.7%	1 1.1%	1 1.1%	89 100%
Transição	51 70.8%	11 15.2%	5 6.9%	3 4.4%	2 2.7%	72 100%
Suburbano	6 10.0%	10 16.6%	32 53.3%	5 8.3	7 11.8%	60 100%
Total	114 51.5%	45 20.3%	43 19.4%	9 4.1%	10 4.7%	221 100.0%

4.2.8 Dimensão do agregado familiar dos inquiridos

A Tabela 4.8 apresenta a dimensão do agregado familiar dos inquiridos nas três zonas de desenvolvimento. Para facilitar a análise, os dados quantitativos sobre a dimensão do agregado familiar foram agrupados em três classes. Estas são: agregado familiar de um a cinco membros, agregado familiar de seis a dez membros, e agregado familiar com mais de dez membros. Implicitamente, a classificação é considerada, respetivamente, como grupos de agregados familiares de dimensão baixa (1 - 5), média (6 - 10) e alta (acima de 10). Nas três zonas de desenvolvimento, 29,4% tinham agregados familiares de dimensão inferior, enquanto 42,1% tinham agregados familiares de dimensão média e 28,5% tinham agregados familiares de dimensão grande. Considerando cada zona de desenvolvimento, foi revelado que na zona central, 51,8% dos inquiridos tinham agregados familiares de grande dimensão, enquanto 70,8% dos inquiridos na zona de transição tinham agregados familiares de dimensão média. Ao contrário da zona suburbana, onde 73,3% e 16,7% dos inquiridos tinham agregados familiares de tamanho pequeno e médio. Os resultados da ANOVA ($F = 2,060$; $p =$

0,129) revelaram que não houve variação significativa na dimensão do agregado familiar dos inquiridos nas zonas de desenvolvimento.

Quadro 4.8: Dimensão do agregado familiar dos inquiridos

Desenvolvimento	Dimensão do agregado familiar			Total
Zonas	**1 - 5**	**6 - 10**	**Acima de 10**	
Núcleo	11 12.3%	32 35.9%	46 51.8%	89 100%
Transição	10 13.8%	51 70.8%	11 15.4%	72 100%
Suburbano	44 73.3%	10 16.7%	6 10.0%	60 100%
Total	65 29.4%	93 42.1%	63 28.5%	221 100.0%

4.2.9 Tipos de edifícios

Os resultados sobre os tipos de edifícios ocupados pelos inquiridos foram agrupados em três: frente a frente, blocos de apartamentos e duplex. Conforme apresentado na Tabela 4.9, foi revelado que, nas três zonas de desenvolvimento, os edifícios face a face representavam 55,6%, ao contrário dos blocos de apartamentos e dos edifícios duplex, que representavam 33,9% e 10,5%, respetivamente. Da mesma forma, os resultados indicaram que na zona central, os edifícios face a face representavam 76,4%, ao contrário da zona suburbana, onde 65,0% dos edifícios eram blocos de apartamentos. Na zona de transição, 63,8% dos edifícios são edifícios face a face, enquanto apenas 8,4% dos edifícios são duplex. Nas zonas centrais e de transição, 76,4% e 63,8% dos residentes viviam em edifícios face a face, respetivamente, enquanto 65,0% dos inquiridos na zona suburbana viviam em blocos de apartamentos. Implicitamente, os diferentes tipos de edifícios ocupados pelos inquiridos podem conduzir a diferentes níveis de resistência ao défice de infra-estruturas na zona de estudo.

Tabela 4.9: Tipos de edifícios

	Tipos de edifícios			
Desenvolvimento Zonas	**Cara a cara**	**Blocos de Apartamentos**	**Duplex**	**Total**
Núcleo	68 76.4%	16 17.9%	5 5.7%	89 100%
Transição	46 63.8%	20 27.8%	6 8.4%	72 100%
Suburbano	9 15.0%	39 65.0%	12 20.0%	60 100%
Total	123 55.6%	75 33.9%	23 10.5%	221 100.0%

4.2.10 Posse da casa

Foram feitas constatações sobre a posse das casas na área de estudo. A posse das casas foi agrupada em casas ocupadas pelo proprietário, alugadas e familiares. A partir do resumo apresentado no Quadro 4.10, verificou-se que, nas três zonas de desenvolvimento, 40,7% dos inquiridos viviam em casas alugadas, enquanto 36,6% e 22,7% dos inquiridos viviam em apartamentos ocupados pelo proprietário e em apartamentos familiares, respetivamente. Na zona central, 30,3%, 44,9% e 24,8% dos inquiridos viviam em casas alugadas, ocupadas pelos proprietários e familiares, respetivamente. Na zona de transição, 26,4% e 48,6% dos inquiridos residiam em casas ocupadas pelos proprietários e em casas familiares, respetivamente. Na mesma linha, a maioria dos inquiridos nas zonas centrais e de transição, 44,9% e 48,6%, respetivamente, residiam em casas alugadas, enquanto 58,3% dos inquiridos na zona suburbana residiam em casas ocupadas pelos proprietários. Estas conclusões indicam que, apesar da posse, os inquiridos apreciam a importância de infra-estruturas domésticas adequadas, sobretudo porque um terço dos inquiridos vive em casas ocupadas pelos proprietários.

Tabela 4.10: Posse da casa

Desenvolvimento Zonas	Posse da casa			Total
	Proprietário-Ocupado	**Alugado**	**Propriedade familiar**	
Núcleo	27 30.3%	40 44.9%	22 24.8%	89 100%
Transição	19 26.4%	35 48.6%	18 25.0%	72 100%
Suburbano	35 58.3%	15 25.0%	10 16.7%	60 100%
Total	81 36.6%	90 40.7%	50 22.7%	221 100.0%

4.3 Nível e impacto do défice de infra-estruturas das famílias

As infra-estruturas domésticas são consideradas um elemento essencial que deve estar disponível para a melhoria das famílias. O défice no fornecimento e distribuição de infra-estruturas domésticas é um obstáculo a uma vida sustentável. Nesta secção, os inquiridos foram examinados sobre o nível de abastecimento de água, saneamento, recolha de resíduos e défice de energia doméstica nas suas casas, e o impacto desta deficiência nos sistemas sociais, económicos e ambientais das famílias. A análise do nível e do impacto do défice de infraestruturas domésticas foi considerada importante com base nos estudos de Babawale (2004), Daramola e Olawuni (2017), que afirmam que a disponibilidade e a acessibilidade das infraestruturas domésticas são uma panaceia para uma infraestrutura sustentável. Do mesmo modo, Bailie e Runcie (2006), Nwachukwu, Ezedinma e Jiburum (2014), Tewathia (2014) consideraram o impacto de infra-estruturas domésticas inadequadas como uma ameaça à saúde e ao bem-estar.

4.3.1 Disponibilidade de abastecimento de água

A água é importante em todas as casas e a sua disponibilidade é essencial para uma boa vida. Conforme estabelecido na literatura, a disponibilidade de abastecimento de água nas casas promove a dignidade e conduz a uma vida mais saudável (OMS, 2021; Daramola et al, 2023). Como se pode ver na Tabela 4.11, foram feitas constatações sobre a disponibilidade de abastecimento de água nas três zonas de desenvolvimento da área de estudo. Em todas as zonas de desenvolvimento, 69,7% tinham abastecimento de água, enquanto 30,3% não tinham abastecimento de água. Exceto na zona central, onde 53,9% não têm abastecimento de água, 80,6% e 91,7% nas zonas de transição e suburbanas, respetivamente, têm abastecimento de água nas suas casas. Os resultados indicaram que existe uma variação na disponibilidade de abastecimento de água da zona central para a zona suburbana. Este facto foi confirmado como significativo através do teste do Qui-quadrado calculado (/2 = 69,164 e p =0,001).

Quadro 4.11: Disponibilidade de abastecimento de água

Zonas de desenvolvimento	Disponibilidade de abastecimento de água		Total
	Disponível	Não disponível	
Núcleo	41 46.1%	48 53.9%	89 100%
Transição	58 80.6%	14 19.4%	72 100%
Suburbano	55 91.7%	5 8.3%	60 100%
Total	154 69.7%	67 30.3%	221 100.0%

4.3.2 Fontes de abastecimento de água

Como se pode ver na Tabela 4.12, foram feitas descobertas sobre as fontes de abastecimento de água na área de estudo. As fontes identificadas foram a canalização, o fontanário público, o furo, as fontes protegidas e a chuva. Nas três zonas de desenvolvimento, 17,1% dos inquiridos têm o seu abastecimento de água através de canos, enquanto 29,6% dependem da chuva. Na zona suburbana, 66,7% dos inquiridos dispunham de água através de furos, ao contrário da zona central e da zona de transição, onde 34,6% e 46% dispunham de água através da chuva e dos vizinhos, respetivamente. De acordo com a Organização Mundial de Saúde (2003) e o Fundo Internacional de Emergência das Nações Unidas para a Infância (2015), a água potável numa casa deve ser fornecida através de um cano com várias torneiras continuamente. As conclusões sobre as fontes de abastecimento de água indicaram que menos 21,7% e 23,6% de abastecimento de água através de canos com múltiplas torneiras se encontravam maioritariamente nas zonas centrais e de transição, respetivamente. No entanto, na zona suburbana, 3,3% tinham acesso a abastecimento por canalização, mas 66,7% utilizavam o abastecimento por furo. Estes resultados indicam que o abastecimento de água potável é baixo, especialmente nas zonas centrais e suburbanas. A situação constitui, portanto, uma deficiência de infra-estruturas que empobrece os membros do agregado familiar.

Tabela 4.12: Fontes de abastecimento de água

Desenvolvimento Zonas	Fontes de abastecimento de água					Total
	Tubo Borne	Bem	Furo de sondagem	Público Tubo vertical	Precipitação e Vizinho)	
Núcleo	19	22	6	11	31	89
	21.7%	24.7%	6.7%	12.3%	34.6%	100%
Transição	17 23.6%	10 13.8%	7 9.7%	5 6.9%	33 46.0%	72 100%
Suburbano	2 3.3%	12 20.0%	40 66.7%	0 0.0	6 10.0%	60 100%
Total	38	44	53	21	70	221

	17.1%	19.9%	23.9%	9.5%	29.6%	100.0%

4.3.3 Tempo gasto para obter água da fonte

Na sequência das conclusões sobre as fontes de abastecimento de água, os inquiridos foram examinados quanto ao tempo gasto para obter água. Estudos anteriores identificaram o tempo gasto na obtenção de água das fontes como um fator determinante da qualidade do abastecimento de água em qualquer ambiente (Grupo do Banco Africano de Desenvolvimento [AFDB], 2010; Banco Mundial, 2010). Como mostra a Tabela 4.13, nas zonas de desenvolvimento, 84,4% e 41,6% nas zonas centrais e de transição, respetivamente, gastaram mais de dez (10) minutos para obter água, ao contrário da zona suburbana, onde 55,0% dos inquiridos gastaram menos de um minuto para obter água das fontes. Estes resultados mostram que só na zona suburbana é que o requisito básico de obter água em menos de um minuto, recomendado por Gleick (1996), OMS e UNICEF (2000), foi atingido. Este facto é ainda confirmado pelos resultados da ANOVA ($F = 54,482$; $q = 0,000$) que indicam que o tempo gasto para obter água varia significativamente entre as zonas de desenvolvimento da área de estudo.

Tabela 4.13: Tempo gasto para obter abastecimento de água

Desenvolvimento Zonas	**Duração (minutos)**			**Total**
	Menos de um minuto	**1 - 10**	**Acima de 10**	
Núcleo	2 2.2%	12 13.4%	75 84.4%	89 100%
Transição	9 12.5%	21 29.1%	42 41.6%	72 100%
Suburbano	33 55.0%	23 38.3%	4 6.7%	60 100%
Total	44 19.9%	56 25.3%	121 54.8%	221 100.0%

4.3.4 Média de litros de água consumidos

A média de litros de água consumida pelos inquiridos em cada uma das zonas de desenvolvimento foi categorizada em: menos de 100 litros, 100 - 500 litros e mais de 500 litros. Como se pode ver na Tabela 4.14, os resultados revelaram que, na zona central, o consumo médio de água dos agregados familiares era de 191,8 litros, enquanto era de 201,6 litros e 251,1 litros nas zonas de transição e suburbanas, respetivamente. Os resultados justificam o ponto de vista de Gleick (1996) de que as necessidades básicas recomendadas de 50 litros per capita por dia foram atingidas nas três zonas de desenvolvimento. No entanto, 75,3% e 73,6% dos inquiridos nas zonas centrais e de transição consumiam menos de 100 litros de água, ao contrário da zona suburbana, onde 78,3% consumiam entre 100 e 500 litros. Este facto é confirmado pelos resultados da ANOVA ($F = 53,382$; $q = 0,000$), que indicam que a média de litros de água consumidos varia significativamente entre as zonas de desenvolvimento da área de estudo.

Quadro 4.14: Média de litros de água consumidos

Desenvolvimento	**Média de litros de água consumidos**			**Total**
Zonas	**Menos de 100**	**100 - 500**	**Acima de 500**	
Núcleo	67	20	2	89

	75.3%	22.5%	2.2%	100%
Transição	53 73.6%	18 25.0%	1 1.4%	72 100%
Suburbano	5 8.3%	47 78.3%	8 13.4%	60 100%
Total	125 56.5%	85 38.4%	11 5.1%	221 100.0%

4.3.5 Disponibilidade de casas de banho

A casa de banho é uma infraestrutura doméstica essencial em qualquer casa e o seu nível de disponibilidade é fundamental para o bem-estar. Conforme documentado pela OMS (2000), a casa de banho é considerada funcional quando a instalação é estrutural e operacionalmente sólida. Como se pode ver na Tabela 4.15, foram feitas constatações sobre a disponibilidade de casas de banho nas três zonas de desenvolvimento da área de estudo. Registou-se que, em todas as zonas de desenvolvimento, 61,1% dos inquiridos tinham casa de banho, enquanto 38,9% não tinham casa de banho. Exceto na zona de transição, onde 70,9% dos inquiridos não têm casa de banho, 65,1% e 93,3% nas zonas centrais e suburbanas têm casa de banho. Estes resultados indicam que existe uma variação na disponibilidade de casas de banho nas três zonas de desenvolvimento da área de estudo. Este facto foi confirmado como significativo através do teste do Qui-quadrado calculado (x2 = 54,212 e p =0,001).

Quadro 4.15: Disponibilidade de casas de banho

Zonas de desenvolvimento	Disponibilidade de casa de banho		Total
	Disponível	Não disponível	
Núcleo	58 65.1%	31 34.9%	89 100%
Transição	21 29.1%	51 70.9%	72 100%
Suburbano	56 93.3%	4 6.7%	60 100%
Total	135 61.1%	86 38.9%	221 100.0%

4.3.6 Tipos de casas de banho

Como se pode ver na Tabela 4.16, foram feitas constatações sobre o tipo de casas de banho disponíveis na área de estudo. Os tipos identificados foram: sanita com autoclismo, latrina de fossa melhorada ventilada, latrina de fossa, latrina de balde, rio e vizinho. Nas zonas de desenvolvimento, 39,5% e 72,2% dos inquiridos nas zonas centrais e de transição, respetivamente, tinham latrinas de fossa melhoradas ventiladas, enquanto 76,7% dos inquiridos na zona suburbana tinham sanitas com autoclismo. Exceto na zona de transição, onde os inquiridos tinham acesso a diferentes tipos de latrinas, 34,8% dos inquiridos no núcleo defecam nos rios e nas latrinas dos vizinhos. Outros resultados indicaram que 43,4% dos inquiridos tinham casa de banho com autoclismo, à exceção de 15,6% que utilizavam os rios e a casa dos vizinhos na zona de desenvolvimento central. No entanto, os resultados não estão em consonância com a exigência da OMS e da UNICEF (2000) e do Relatório Africano sobre o Desenvolvimento da Água (2006) de que deve haver pelo menos uma retrete com autoclismo em cada casa, com instalações para a higiene pessoal - água quente, uma banheira e um chuveiro. Por conseguinte, uma casa de banho inadequada é um convite a doenças e agentes patogénicos, especialmente na zona central de desenvolvimento.

Quadro 4.16: Tipos de casas de banho

Desenvolvimento Zonas	Tipo de casa de banho					Total
	Descarga Casa de banho	Ventilado Fosso melhorado (WC VIP)	Fosso Latrina	Balde Latrina	Outros	
Núcleo	3 3.3%	35 39.5%	15 16.8%	5 5.6%	31 34.8%	89 100%
Transição	6 8.3%	52 72.2%	11 15.3%	3 4.2%	-	72 100%
Suburbano	46 76.7%	9 15.0%	-	2 3.3	3 5.0%	60 100%
Total	55 24.8%	96 43.4%	26 11.7%	10 4.5%	34 15.6%	221 100.0%

4.3.7 Disponibilidade de lavatório na casa de banho

Foram feitas constatações sobre a disponibilidade de lavatórios nas casas de banho disponíveis na área de estudo. Como indicado na Tabela 4.17, registou-se que apenas 40% dos inquiridos na zona suburbana tinham lavatório na sua casa de banho. Além disso, 5,6% e 19,4% nas zonas centrais e suburbanas tinham lavatório nas suas casas, respetivamente. Nas três zonas de desenvolvimento, 80,6% dos inquiridos não têm lavatório na sua casa de banho. Os resultados indicaram um baixo nível de lavatório na casa de banho dos inquiridos nas zonas centrais e de transição.

Tabela 4.17: Disponibilidade de lavatório na casa de banho

Zonas de desenvolvimento	Disponibilidade de lavatório na casa de banho		Total
	Disponível	Não disponível	
Núcleo	5 5.6%	84 94.4%	89 100%
Transição	14 19.4%	58 80.6%	72 100%
Suburbano	24 40.0	36 60.0%	60 100%
Total	43 19.4%	178 80.6%	221 100.0%

4.3.8 Lavagem das mãos com sabão depois de ir à casa de banho

Como indicado na Tabela 4.18, perguntou-se aos inquiridos se lavavam as mãos depois de usar a casa de banho. Os resultados indicaram que 93,3% dos inquiridos na zona suburbana lavam as mãos com sabão depois de usarem a casa de banho. Além disso, 36% e 16,7% dos inquiridos nas zonas centrais e de transição, respetivamente, lavam as mãos com sabão. Outros resultados nas três zonas de desenvolvimento indicaram que 54,8% dos inquiridos não lavam as mãos com sabão depois de irem à casa de banho. No entanto, os resultados indicaram que existe uma variação entre as zonas centrais e as zonas de transição.

Tabela 4.18: Lavagem das mãos com sabão depois de ir à casa de banho

Zonas de desenvolvimento	Lavagem das mãos com sabão depois da casa de banho		Total
	Sim	**Não**	
Núcleo	32 36.0%	57 64.0%	89 100%
Transição	12 16.7%	60 83.3%	72 100%
Suburbano	56 93.3	4 6.7%	60 100%
Total	100 45.2%	121 54.8%	221 100.0%

4.3.9 Avaliação das casas de banho

Foram feitas constatações sobre a avaliação das casas de banho utilizadas pelos inquiridos. A partir do resumo apresentado na Tabela 4.19, verificou-se que, nas três zonas de desenvolvimento, 39,3% dos inquiridos concordaram que a avaliação da sua casa de banho é razoável. No entanto, 25,7% e 13,5% dos inquiridos consideraram que a avaliação da sua casa de banho era boa e muito boa, respetivamente. Implicitamente, pode concluir-se que, uma vez que a avaliação das casas de banho é razoável, as casas de banho das três zonas de desenvolvimento darão lugar a melhores práticas de higiene entre os residentes.

Quadro 4.19: Avaliação das casas de banho

Desenvolvimento Zonas	Avaliação das casas de banho					Total
	Muito Bom	**Bom**	**Justo**	**Mau**	**Muito mau**	
Núcleo	3 3.5%	9 10.1%	58 65.1%	14 15.7%	5 5.6%	89 100%
Transição	10 13.9%	16 22.2%	18 25.1%	14 19.4%	14 19.4%	72 100%
Suburbano	17 28.3%	32 53.3%	11 18.4%	0 0.0	0 0.0%	60 100%
Total	30 13.5%	57 25.7%	87 39.3%	28 12.6%	19 8.9%	221 100.0%

4.3.10 Ocorrência de defecação a céu aberto no ambiente

As conclusões sobre a ocorrência de defecação a céu aberto no meio ambiente foram apresentadas na Tabela 4:20. Foi registado que 41,6% e 51,4% dos inquiridos nas zonas centrais e de transição defecam a céu aberto no seu ambiente. Ao contrário da zona suburbana, 91,7% dos inquiridos não defecam a céu aberto, enquanto 58,4% e 48,6% dos inquiridos nas zonas central e de transição não defecam a céu aberto. Outras constatações revelaram que 64,3% dos inquiridos nas três zonas de desenvolvimento não registam qualquer ocorrência de defecação a céu aberto nas suas zonas. Esta situação pode ser atribuída à boa avaliação das casas de banho na área de estudo.

Tabela 4.20: Ocorrência de defecação a céu aberto no ambiente

Zonas de desenvolvimento	Ocorrência de defecação a céu aberto no ambiente		Total
	Sim	Não	
Núcleo	37 41.6%	52 58.4%	89 100%
Transição	37 51.4%	35 48.6%	72 100%
Suburbano	5 8.3%	55 91.7%	60 100%
Total	79	142	221
	35.7%	64.3%	100.0%

4.3.11 Razões para a ocorrência de defecação a céu aberto no ambiente

As razões para a ocorrência de defecação a céu aberto no ambiente foram apresentadas na Tabela 4.21. Os inquiridos concordaram que existem instalações sanitárias inadequadas e falta de cuidados adequados na área de estudo. Os resultados na zona central revelaram que 48,6% dos inquiridos concordaram que a falta de cuidados adequados com as suas casas de banho eram as razões para a ocorrência de defecação a céu aberto no seu ambiente. Ao contrário da zona de transição, onde 52,8% dos inquiridos acreditam que as instalações sanitárias inadequadas são a razão para a defecação a céu aberto. Na zona suburbana, os casos de defecação a céu aberto eram mínimos devido à falta de cuidados adequados com as casas de banho. Pode concluir-se que as casas de banho e os cuidados inadequados foram as razões mais predominantes para a ocorrência de defecação a céu aberto na zona central e na zona de transição.

Tabela 4.21: Razões para a ocorrência de defecação ao ar livre

Desenvolvimento Zonas	Razões para a ocorrência de defecação ao ar livre				Total
	Inadequado Sanita	Mau estado da casa de banho	Falta de cuidados adequados	Outros	
Núcleo	0 0.0%	4 11.4%	17 48.6%	14 40.0%	35 100%
Transição	19 52.8%	10 27.8%	7 19.4%	0 0.0%	36 100%
Suburbano	0 0.0%	0 0.0%	5 100.0%	0 0.0%	5 100%
Total	19 25.0%	14 18.4%	29 38.2%	14 18.4%	76* 100.0%

* O número de inquiridos é inferior, uma vez que alguns não registaram casos de defecação ao ar livre em alguns ambientes

4.3.12 Disponibilidade de drenos

Como se pode ver na Tabela 4.22, foram feitas constatações sobre a disponibilidade de esgotos nas três zonas de desenvolvimento da área de estudo. Foi registado que 90% dos inquiridos na zona suburbana tinham esgotos, ao contrário das zonas centrais e de transição, onde 53,9% e 54,2% dos inquiridos não tinham esgotos em casa, respetivamente. Do mesmo modo, nas três zonas de desenvolvimento, 57,9% dos inquiridos não têm esgotos no seu ambiente. Os resultados indicaram uma variação na disponibilidade de esgotos nas três zonas de desenvolvimento da área de estudo. Este facto foi confirmado como significativo através do teste do Qui-quadrado calculado (x2 = 69,236 e p =0,001).

Tabela 4.22: Disponibilidade de drenos

Zonas de desenvolvimento	Disponibilidade de drenos		
	Sim	Não	Total
Núcleo	41 46.1%	48 53.9%	89 100%
Transição	33 45.8%	39 54.2%	72 100%
Suburbano	54 90.0	6 10.0%	60 100%
Total	128 57.9%	93 42.1%	221 100.0%

4.3.13 Tipos de drenos

Na sequência da disponibilidade de escoamento, foram efectuadas constatações sobre os tipos de escoamento disponíveis, conforme apresentado na Tabela 4.23. Na zona central, 9,8% e 90,2% dos inquiridos tinham escoamento coberto e aberto, mas não tinham escoamento canalizado. Na zona de transição, 84,8% dos inquiridos utilizavam escoamento aberto, enquanto apenas 15,2% utilizavam escoamento coberto. No entanto, nas zonas centrais e de transição, os inquiridos não têm escoamento canalizado, exceto na zona suburbana, onde 8,3% têm escoamento canalizado nas suas casas. Da mesma forma, 45% e 46,7% dos inquiridos na zona suburbana tinham escoamento coberto e aberto nas suas casas, respetivamente. Uma análise mais aprofundada revelou, no entanto, que o esgoto aberto é o mais comum, uma vez que 69,4% dos inquiridos em todas as zonas de desenvolvimento o tinham nas suas casas. Tal como documentado por Arimah (1993), Ofong (2001), a drenagem eficiente da casa deve ser efectuada através de um sistema de drenagem canalizado. Por conseguinte, qualquer casa sem esgoto não tem condições de vida saudáveis. Por conseguinte, estas conclusões têm implicações na saúde dos inquiridos nas três zonas de desenvolvimento.

Quadro 4.23: Tipos de drenagem

Desenvolvimento Zonas	Tipos de drenos			Total
	Dreno canalizado	Coberto Drenagem	Dreno aberto	
Núcleo	0 0.0%	4 9.8%	37 90.2%	89 100%
Transição	0 0.0%	5 15.2%	28 84.8%	72 100%
Suburbano	5 8.3%	27 45.0%	28 46.7%	60 100%
Total	5 3.7%	36 26.9%	93 69.4%	134* 100.0%

* O número de inquiridos é menor, uma vez que não existe escoamento em algumas casas.

4.3.14 Avaliação do estado do escoamento

Os inquiridos na área de estudo foram avaliados quanto às condições do escoamento disponível nas suas respectivas zonas. Conforme apresentado na Tabela 4.24, os resultados revelaram que 66,7% dos inquiridos na zona suburbana concordaram que as condições do esgoto são boas, enquanto apenas menos 25% concordaram que era muito bom. Na zona central, 9% dos inquiridos consideraram que era bom, enquanto nenhum inquirido concordou que o estado era muito bom. No entanto, 12,5% dos inquiridos na zona de transição concordaram que as condições eram muito boas, enquanto apenas 9,7% elogiaram o facto de também ser bom. Em todas as zonas de desenvolvimento, 29% dos inquiridos concordaram que as condições de escoamento eram razoáveis nas suas respectivas casas, enquanto 21,6% também concordaram que eram muito más. A proporção de inquiridos que consideravam que era mau representava 13,6%, enquanto 10,9% consideravam que o estado era muito bom. As conclusões sobre o estado dos esgotos indicaram uma variação na avaliação dos esgotos pelos inquiridos nas zonas de desenvolvimento.

Quadro 4.24: Avaliação das condições do sumidouro

Desenvolvimento Zonas	Avaliação do estado do sumidouro					Total
	Muito Bom	Bom	Justo	Mau	Muito mau	
Núcleo	0 0.0%	8 9.0%	42 47.2%	20 22.5%	19 21.3%	89 100%
Transição	9 12.5%	7 9.7%	17 23.6%	10 13.9%	29 40.3%	72 100%
Suburbano	15 25.0%	40 66.7%	5 8.3%	0 0.0	0 0.0%	60 100%
Total	24 10.9%	55 24.9%	64 29.0%	30 13.6%	48 21.6%	221 100.0%

4.3.15 Disponibilidade de iluminação

Estudos anteriores identificaram a iluminação como uma parte integrante de qualquer casa (Oyedepo, 2012; Agência Internacional de Energia, 2014). Os resultados apresentados na Tabela 4.25 são a resposta dos inquiridos à disponibilidade de iluminação nas suas casas. Foi registado que a iluminação estava disponível nas três zonas de desenvolvimento, exceto 20,4% dos inquiridos no núcleo que não têm iluminação. No entanto, nas três zonas de desenvolvimento, 87,3% dos inquiridos têm iluminação, enquanto 12,7% não têm iluminação. Os resultados indicam que existe iluminação nas três zonas de desenvolvimento.

Quadro 4.25: Disponibilidade de iluminação

Zonas de desenvolvimento	Disponibilidade de iluminação		Total
	Sim	Não	
Núcleo	71 79.7%	18 20.3%	89 100%
Transição	64 88.9%	8 11.1%	72 100%
Suburbano	58 96.7	2 3.3%	60 100%
Total	193	28	221

	87.3%	12.7%	100.0%

4.3.16 Fontes de iluminação

Sobre as fontes de iluminação, os inquiridos indicaram várias fontes de iluminação nas suas casas. Conforme apresentado na Tabela 4.23, na zona central, 64,2% utilizavam eletricidade, enquanto 34,7% dependiam de outras fontes, tais como lanterna, lâmpada a pilhas, lâmpada a pilhas e lanterna. Os resultados na zona de transição revelaram que 36,8% dos inquiridos dependem de outras fontes de iluminação, exceto 51,3% que ainda utilizam eletricidade. Enquanto que, 7,8% e 3,9% na zona de transição utilizaram o painel solar e o inversor como fontes de iluminação, respetivamente. Na zona suburbana, 18,7% dos inquiridos dependem da eletricidade, enquanto 25,1% e 22,9% utilizam o painel solar e o inversor como fontes de iluminação.

Nas três zonas de desenvolvimento, a eletricidade é a fonte predominante de iluminação, à exceção de outras fontes como lanternas, lâmpadas a pilhas, lâmpadas a pilhas e lanternas que estão disponíveis nas três zonas de desenvolvimento. No entanto, os resultados indicam que a eletricidade é comum na zona central e de transição, ao contrário da zona suburbana. Isto pode ser atribuído ao facto de a eletricidade fornecida nas zonas centrais e de transição ser datada do período colonial e pré-colonial, ao contrário da zona suburbana, onde os edifícios residenciais eram novos.

Tabela 4.23: Fontes de iluminação

Desenvolvimento Zonas	Fontes de iluminação				Total
	Eletricidade	Solar Painel	Inversor	Outros	
Núcleo	61 64.2%	1 1.1%	0 0.0%	33 34.7%	95 100%
Transição	39 51.3%	6 7.8%	3 3.9%	28 36.8%	76 100%
Suburbano	18 18.7%	24 25.1%	22 22.9%	32 33.3%	96 100%
Total	118 44.1%	31 11.6%	25 9.3%	93 35.0%	267* 100.0%

* Número total de inquiridos que excedem devido a múltiplas fontes de iluminação

4.3.17 Fontes de energia para cozinhar

As fontes de energia para cozinhar foram a energia tradicional e a energia moderna. A energia tradicional inclui a biomassa, como o carvão, a lenha, as folhas e a serradura. A energia moderna inclui o biogás, o querosene, o gás natural e a eletricidade. Conforme apresentado na Tabela 4.24, verificou-se que a maioria dos inquiridos (61,1%) utilizava energia tradicional, enquanto uma proporção menor (38,9%) utilizava energia moderna para cozinhar em todas as zonas de desenvolvimento. Na zona central, 79,7% dependem maioritariamente da energia tradicional para cozinhar, enquanto 20,3% utilizam energia moderna. Da mesma forma, na zona de transição, 66,7% dos inquiridos utilizaram energia tradicional, enquanto 33,3% dependem da energia moderna para cozinhar. Na mesma linha, 26,7% dos inquiridos na zona suburbana utilizavam energia tradicional para cozinhar, enquanto a maioria 73,3% dos inquiridos utilizava energia moderna. Os resultados nas três zonas de desenvolvimento indicaram uma variação nas fontes de energia doméstica para cozinhar alimentos. No entanto, pode deduzir-se que os agregados familiares nas zonas centrais e de transição não utilizam fontes de energia modernas e amigas do ambiente para cozinhar. Os resultados estão em consonância com o estudo de Ogunniyi, Adepoju e Olapade-Ogunwole (2012), segundo o qual o rendimento dos residentes nos centros urbanos está a diminuir, limitando assim a sua capacidade de comprar energia moderna para cozinhar.

Quadro 4.24: Fontes de energia para cozinhar

Desenvolvimento Zonas	Fontes de energia para cozinhar		Total
	Tradicional Energia	Moderno Energia	
Núcleo	71 79.7%	18 20.3%	89 100%
Transição	48 66.7%	24 33.3%	72 100%
Suburbano	16 26.7%	44 73.3%	60 100%
Total	135 61.1%	86 38.9%	221 100.0%

4.3.18 Impacto do défice de infra-estruturas das famílias

Também foram feitas conclusões sobre o impacto do abastecimento de água, do saneamento, da eliminação de resíduos e do défice doméstico sobre os inquiridos nas zonas de desenvolvimento central, de transição e suburbana. O impacto do défice de infra-estruturas domésticas foi determinado utilizando índices médios para medir a gravidade das infra-estruturas inadequadas nos agregados familiares. Os índices médios foram interpretados com base nas seguintes pontuações; 1 - 2,4 (baixo), 2,5 - 3,5 (moderado) e 3,6 - 5,0 (elevado) sobre o impacto do abastecimento de água, saneamento, eliminação de resíduos e défice doméstico nas zonas de desenvolvimento central, de transição e suburbana. É de notar que qualquer desvio positivo acima do índice médio indica um impacto de gravidade elevada, enquanto o negativo significa um impacto de gravidade baixa.

Foram feitas constatações sobre o impacto do abastecimento de água, do saneamento, da eliminação de resíduos e do défice de energia doméstica nos inquiridos das zonas centrais, de transição e suburbanas. O impacto foi no sistema físico, social e económico dos agregados familiares. Conforme apresentado na Tabela 4.25 - 4.29, o impacto do abastecimento de água, saneamento, eliminação de resíduos e défice de energia doméstica baseou-se no cálculo do índice médio. A média cumulativa [CM] do Índice de Impacto dos Residentes [RII] na área de estudo foi de 2,55, o que indica um nível de impacto moderado. A gravidade do impacto acima de 2,56 indica desvios positivos em relação à média (DMs), enquanto a gravidade do impacto abaixo de 2,54 indica desvios negativos em relação à média.

Na zona central, o índice médio de concordância dos residentes [RAI] foi de 3,01. Isto indica um nível moderado de impacto do défice de infra-estruturas no agregado familiar na zona central. Olhando para o índice de desvio em relação à média (DM), que é o RAI, verificou-se que o impacto é elevado, especialmente no que diz respeito à deposição de resíduos sólidos no solo (0,66), à fraca higiene ambiental (0,60), à redução da frequência escolar (0,59), ao sentimento de insegurança devido à fraca iluminação (0,53) e à defecação ao ar livre à volta da casa (0,49). Da mesma forma, alguns impactos foram baixos, principalmente no que diz respeito ao custo elevado da energia doméstica (-0,57), à redução do valor da propriedade (-0,59), ao atraso na escola (-0,59), à incapacidade de utilizar aparelhos eléctricos (-0,70) e ao calor persistente (-0,80). Em suma, observou-se que a gravidade do impacto do défice de infra-estruturas inadequadas provocou a deposição de resíduos sólidos nas imediações, uma má higiene ambiental, a redução da frequência escolar, um sentimento de insegurança devido à fraca iluminação e à defecação ao ar livre. No entanto, as conclusões indicam que o impacto do défice de saneamento e de recolha de resíduos é comum nesta zona. Como resultado, a situação afectou o sistema físico e social das famílias, pondo em risco o bem-estar das pessoas.

Quadro 4.25: Impacto do défice de infra-estruturas das famílias na zona central

Impacto do défice de infra-estruturas das famílias	**Classificação**	**RII**	**DM**
Escassez na utilização da água	10	2.81	-0.20
Cozinhar de forma inconsistente	11	2.79	-0.22
Reduz o nível de ingestão de água	9	2.99	-0.02
Banho inconsistente	12	2.65	-0.36
Diminuição da assiduidade e da pontualidade escolar	3	3.60	0.59
Custo elevado do abastecimento de água	8	3.21	0.20
Descarga de águas residuais na zona envolvente	7	3.45	0.44
Defecação a céu aberto à volta da casa	5	3.50	0.49
Má higiene ambiental	2	3.61	0.60
Resíduos sólidos que sujam os arredores	1	3.67	0.66
Atraso na escola	15	2.42	-0.59
Custo elevado da energia doméstica	13	2.44	-0.57
Reduz o valor da propriedade	14	2.42	-0.59
Incapacidade de utilizar aparelhos eléctricos	16	2.31	-0.70
Sentimento de insegurança devido à falta de iluminação	4	3.54	0.53
Calor persistente	17	2.21	-0.80
Iluminação inconsistente	6	3.49	0.48

Nota: DM é o desvio em relação à média

Índice Relativo Médio (RII) = 3,01

Na zona de desenvolvimento de transição, o índice médio de concordância dos residentes [RAI] foi de 3,14. Isto indica um nível moderado de impacto do défice de infra-estruturas no agregado familiar na zona de desenvolvimento de transição. Analisando o índice de desvio em relação à média (DM), que é o RAI, verificou-se que o impacto é elevado, especialmente no que se refere à escassez de água (0,54), à defecação a céu aberto à volta da casa (0,40), à deposição de resíduos sólidos nas imediações (0,41), à cozedura inconsistente (0,34) e à descarga de águas residuais nas imediações (0,29). Do mesmo modo, a falta de higiene ambiental (-0,05), o elevado custo do abastecimento de água (-0,13), a redução do valor da propriedade (-0,86), o atraso escolar (-0,87) e o calor persistente (0,94). Em suma, observou-se que a gravidade do impacto do défice de infra-estruturas inadequadas provocou escassez na utilização da água, defecação a céu aberto, deposição de lixo nas imediações e cozinha inconsistente. No entanto, os resultados indicam que o impacto do défice de abastecimento de água e de recolha de resíduos é comum nesta zona. Como resultado, a situação afectou o sistema físico das famílias, com impacto na sua vida.

Quadro 4.26: Impacto do défice de infra-estruturas das famílias na zona de transição

Impacto do défice de infra-estruturas das famílias	Classificação	RII	DM
Escassez na utilização da água	1	3.68	0.54
Cozinhar de forma inconsistente	4	3.48	0.34
Reduz o nível de ingestão de água	7	3.39	0.25
Banho inconsistente	12	3.15	0.01
Diminuição da assiduidade e da pontualidade escolar	8	3.36	0.22
Custo elevado do abastecimento de água	14	3.01	-0.13
Descarga de águas residuais na zona envolvente	5	3.43	0.29
Defecação a céu aberto à volta da casa	2	3.54	0.40
Má higiene ambiental	13	3.09	-0.05
Resíduos sólidos que sujam os arredores	3	3.55	0.41
Atraso na escola	16	2.27	-0.87
Custo elevado da energia doméstica	11	3.17	0.03
Reduz o valor da propriedade	15	2.28	-0.86
Incapacidade de utilizar aparelhos eléctricos	10	3.20	0.06
Sentimento de insegurança devido à falta de iluminação	9	3.21	0.07
Calor persistente	17	2.20	-0.94
Iluminação inconsistente	6	3.41	0.27

Nota: DM é o desvio em relação à média
Índice Relativo Médio (RII) = 3,14

Na zona de desenvolvimento suburbana, o índice médio de concordância dos residentes [RAI] foi de 2,29. Isto indica um baixo nível de impacto do défice de infra-estruturas nas famílias da zona suburbana. Analisando o índice de desvio em relação à média (DM), que é o RAI, verificou-se que o impacto é elevado, especialmente no que diz respeito ao custo da energia doméstica (0,72), à redução do nível de consumo de água (0,44), ao custo elevado do abastecimento de água (0,39), à escassez na utilização da água (0,29) e à descarga de águas residuais nas imediações (0,22). Da mesma forma, o banho inconsistente (-0,38), a defecação a céu aberto à volta da casa (-0,48), a incapacidade de utilizar aparelhos eléctricos (-0,49), Atraso para a escola (-0,58) e calor persistente (-0,62). Em suma, observou-se que a gravidade do impacto do défice de infra-estruturas inadequadas provocou custos de obtenção de energia doméstica, reduziu o nível de consumo de água e aumentou os custos de abastecimento de água. No entanto, os resultados implicaram que o impacto do défice de energia doméstica e de abastecimento de água é comum nesta zona. Como resultado, a situação afectou o sistema económico das famílias com impacto na sua vida.

Quadro 4.27: Impacto do défice de infra-estruturas das famílias na zona suburbana

Impacto do défice de infra-estruturas das famílias	Classificação	RII	DM
Escassez na utilização da água	4	2.54	0.29

Cozinhar de forma inconsistente	12	2.10	-0.19
Reduz o nível de ingestão de água	2	2.73	0.44
Banho inconsistente	13	1.91	-0.38
Diminuição da assiduidade e da pontualidade escolar	11	2.23	-0.06
Custo elevado do abastecimento de água	3	2.68	0.39
Descarga de águas residuais na zona envolvente	5	2.51	0.22
Defecação a céu aberto à volta da casa	14	1.81	-0.48
Má higiene ambiental	6	2.50	0.21
Resíduos sólidos que sujam os arredores	7	2.48	0.19
Atraso na escola	16	1.71	-0.58
Custo elevado da energia doméstica	1	3.01	0.72
Reduz o valor da propriedade	10	2.44	0.15
Incapacidade de utilizar aparelhos eléctricos	15	1.80	-0.49
Sentimento de insegurança devido à falta de iluminação	8	2.47	0.18
Calor persistente	17	1.67	-0.62
Iluminação inconsistente	9	2.45	0.16

Nota: DM é o desvio em relação à média
Índice Relativo Médio (RII) = 2,29

Nas três zonas de desenvolvimento, o índice médio de concordância dos residentes [RAI] foi de 2,81. Isto indica um nível moderado de impacto do défice de infra-estruturas nos agregados familiares da área de estudo. Analisando o desvio em relação ao índice médio (DM), que é o RAI, verificou-se que o impacto é elevado, especialmente no que diz respeito à deposição de resíduos sólidos nas imediações (0,42), à descarga de águas residuais nas imediações (0,32), à iluminação inconsistente (0,30), ao custo elevado do abastecimento de água (0,27) e ao sentimento de insegurança devido à fraca iluminação (0,26). Do mesmo modo, o impacto é baixo, mas evidente, no banho inconsistente (-0,24), na incapacidade de utilizar aparelhos eléctricos (0,38), na redução do valor da propriedade (-0,43), no atraso para a escola (-0,68) e no calor persistente (-0,79). No entanto, nas três zonas de desenvolvimento, observou-se que a gravidade do impacto do défice de infra-estruturas inadequadas provocou a deposição de resíduos sólidos, a descarga de resíduos nas imediações, a iluminação inconsistente e o sentimento de insegurança devido à fraca iluminação. Os resultados indicam que o impacto da recolha de resíduos e da energia doméstica é enorme nas três zonas de desenvolvimento. Esta situação é um convite a doenças, agentes patogénicos e diminuição do crescimento económico das famílias. Consequentemente, as conclusões podem ser atribuídas ao facto de que a existência de infra-estruturas domésticas adequadas e acessíveis constitui um caminho sólido para o desenvolvimento sustentável, ao passo que o impacto de infra-estruturas inadequadas a nível doméstico constitui uma ameaça ao desenvolvimento humano (UN-Habitat, 2009; Daramola, Olowoporoku & Mobolaji, 2023).

Quadro 4.28: Impacto do défice de infra-estruturas das famílias na área de estudo

Impacto do défice de infra-estruturas das famílias	**Classificação**	**RII**	**DM**
Escassez na utilização da água	9	3.01	0.20
Cozinhar de forma inconsistente	12	2.79	-0.02

Reduz o nível de ingestão de água	8	3.03	0.22
Banho inconsistente	13	2.57	-0.24
Diminuição da assiduidade e da pontualidade escolar	7	3.06	0.25
Custo elevado do abastecimento de água	4	3.08	0.27
Descarga de águas residuais na zona envolvente	2	3.13	0.32
Defecação a céu aberto à volta da casa	10	2.95	0.14
Má higiene ambiental	6	3.06	0.25
Resíduos sólidos que sujam os arredores	1	3.23	0.42
Atraso na escola	16	2.13	-0.68
Custo elevado da energia doméstica	11	2.87	0.06
Reduz o valor da propriedade	15	2.38	-0.43
Incapacidade de utilizar aparelhos eléctricos	14	2.43	-0.38
Sentimento de insegurança devido à falta de iluminação	5	3.07	0.26
Calor persistente	17	2.02	-0.79
Iluminação inconsistente	3	3.11	0.30

Nota: DM é o desvio em relação à média

Índice Relativo Médio (RII) = 2,81

4.4 Nível de capacidade dos agregados familiares para absorver, adaptar-se e transformar-se do impacto do défice de infra-estruturas

Esta secção examinou o nível de capacidade dos agregados familiares para absorverem, se adaptarem e se transformarem do impacto do défice de infra-estruturas domésticas nas três zonas de desenvolvimento de Ogbomoso. O nível de capacidade das famílias para absorver, adaptar-se e transformar-se do impacto do défice de infra-estruturas domésticas foi determinado utilizando índices médios. Os índices médios foram interpretados com base nas seguintes pontuações: 1 - 2,4 (baixo), 2,5 - 3,5 (moderado) e 3,6 - 5,0 (elevado) nível de capacidade de absorção, adaptação e transformação dos agregados familiares ao défice de infra-estruturas nas zonas centrais, de transição e suburbanas. Note-se que qualquer desvio positivo em relação ao índice médio indica uma capacidade de alto nível, enquanto o desvio negativo significa uma capacidade de baixo nível.

4.4.1. Nível de capacidade dos agregados familiares para absorver o impacto do défice de infra-estruturas dos agregados familiares

A capacidade dos agregados familiares para absorver o impacto do défice de infra-estruturas domésticas está simplesmente relacionada com a capacidade dos agregados familiares para evitar o impacto do défice de infra-estruturas domésticas. Nas Tabelas 4.29 - 4.31 são apresentados os resultados da análise das variáveis com base no cálculo do índice médio. Na zona central, conforme apresentado na Tabela 4.29, o índice médio de concordância dos residentes [RAI] foi de 3,35. Isto indicou um nível moderado de capacidade de absorção dos agregados familiares ao défice de infra-estruturas. Olhando para o índice de desvio sobre a média (DM), que é o RAI, verificou-se que, no meio do défice das famílias, os inquiridos foram capazes de absorver racionalizando a água potável (0,29), racionalizando a confeção de alimentos (0,21), reduzindo a limpeza de esgotos (0,18) e reduzindo o banho (0,14). Além disso, os agregados familiares foram capazes de absorver através da queima de resíduos sólidos no seu recinto (-0,04), da racionalização do consumo de energia (-0,36) e do despejo de resíduos no canal do rio (-0,42).

Os resultados na zona central implicaram que os agregados familiares foram capazes de racionalizar e reduzir o impacto do défice de água e saneamento nas suas casas, fazendo com que a sua capacidade de resposta fosse de nível moderado. Assim, os inquiridos foram capazes de suportar as dificuldades da deficiência de infra-estruturas. No entanto, o nível de capacidade das famílias para absorver o impacto do défice de infra-estruturas domésticas também se reflectiu nos DMs negativos, principalmente observáveis em itens como a queima de resíduos sólidos, a racionalização do consumo de energia e o despejo de resíduos no canal do rio. Implicitamente, a capacidade dos agregados familiares para absorver o impacto da recolha de resíduos e da energia doméstica é baixa na zona central.

Quadro 4.29: Índices de capacidade de absorção dos agregados familiares na zona central

Capacidade	Classificação	RAI	DM
Racionalizar a água potável	1	3.64	0.29
Racionalizar a cozinha	2	3.56	0.21
Redução dos banhos	4	3.49	0.14
Redução da limpeza de esgotos	3	3.53	0.18
Racionalizar o consumo de energia	6	2.99	-0.36
Despejo de resíduos na estrada ou no canal do rio	7	2.93	-0.42
Queima de resíduos sólidos no recinto	5	3.31	-0.04

Nota: DM é o desvio em relação à média

Índice médio de concordância dos residentes (RAI) = 3,35

Na zona de transição, conforme apresentado na Tabela 4.30, o índice médio de concordância dos residentes foi de 3,41. Isto indica um elevado nível de capacidade de absorção dos agregados familiares ao défice de infra-estruturas. Olhando para os desvios sobre o índice médio (DM), que é o RAI, verificou-se que, no meio do défice de infra-estruturas, os agregados familiares na zona de transição foram capazes de absorver através da racionalização da cozinha (0,28), da racionalização do consumo de energia (0,24), da racionalização da água potável (0,20), da redução da limpeza de esgotos (0,18) e da redução do banho (0,14). Da mesma forma, as famílias foram capazes de absorver através da queima de resíduos sólidos (-0,49) e do despejo de resíduos na estrada ou no canal do rio (-0,52).

Em geral, nesta zona, os resultados revelaram que os agregados familiares conseguiram racionalizar a cozinha, o consumo de energia e de água potável. Além disso, os agregados familiares conseguiram reduzir a limpeza de esgotos e os banhos, tornando a sua capacidade de sobrevivência elevada. Assim, os inquiridos foram capazes de suportar as dificuldades de um abastecimento de água e energia doméstico inadequados. No entanto, o nível de capacidade dos agregados familiares para absorver o impacto do défice de infra-estruturas domésticas também se reflectiu nos DMs negativos, como se pode observar principalmente na queima e despejo de resíduos sólidos. Por conseguinte, as conclusões indicam que a capacidade dos agregados familiares para absorver o impacto do défice de recolha de resíduos sólidos é moderada na zona de transição.

Quadro 4.30: Índices de capacidade de absorção dos agregados familiares na zona de transição

Capacidade	Classificação	RAI	DM
Racionalizar a água potável	3	3.61	0.20
Racionalizar a cozinha	1	3.69	0.28
Redução dos banhos	5	3.55	0.14
Redução da limpeza de esgotos	4	3.59	0.18
Racionalizar o consumo de energia	2	3.65	0.24
Despejo de resíduos na estrada ou no canal do rio	7	2.89	-0.52
Queima de resíduos sólidos no recinto	6	2.92	-0.49

Nota: DM é o desvio em relação à média

Índice médio de concordância dos residentes (RAI) = 3,41

Na zona suburbana, os resultados apresentados na Tabela 4.31 revelaram que o índice médio de concordância dos residentes foi de 3,24. Isto indicou um nível moderado de capacidade de absorção dos agregados familiares para o défice de infra-estruturas. Olhando para os desvios em relação ao índice médio (DM), que é o RAI, verificou-se que, no meio do défice dos agregados familiares, os inquiridos na zona suburbana foram capazes de absorver através da racionalização do nível de consumo de energia (0,43), da queima de resíduos sólidos no recinto (0,41), do despejo de resíduos na estrada (0,37) e da redução da limpeza dos esgotos (0,05). Da mesma forma, os agregados familiares foram capazes de absorver através da racionalização da cozedura (-0,28), da redução dos banhos (-0,43) e da racionalização da água potável (-0,53).

As constatações nesta zona indicaram que a capacidade das famílias para absorver o impacto do saneamento, da eliminação de resíduos e do défice de energia doméstica foi moderada, uma vez que os inquiridos conseguiram racionalizar o consumo de energia, queimar os resíduos sólidos e reduzir a limpeza dos esgotos. Além disso, como é evidente nos resultados, o nível de capacidade das famílias para absorver o impacto do défice de infra-estruturas domésticas reflectiu-se nos DMs negativos observados principalmente no abastecimento de água, uma vez que as famílias racionalizam a preparação de alimentos e a água potável. Em suma, os resultados mostraram que os inquiridos na zona suburbana tinham uma força de resposta moderada e capacidade para suportar e absorver infra-estruturas domésticas inadequadas.

Quadro 4.31: Índices de capacidade de absorção dos agregados familiares na zona suburbana

Capacidade	Classificação	RAI	DM
Racionalizar a água potável	7	2.71	-0.53
Racionalizar a cozinha	5	2.96	-0.28
Redução dos banhos	6	2.81	-0.43
Redução da limpeza de esgotos	4	3.29	0.05
Racionalizar o consumo de energia	1	3.67	0.43
Despejo de resíduos na estrada ou no canal do rio	3	3.61	0.37
Queima de resíduos sólidos no recinto	2	3.65	0.41

Nota: DM é o desvio em relação à média

Índice médio de concordância dos residentes (RAI) = 3,24

Na área de estudo, conforme apresentado na tabela 4.32, o índice médio de concordância dos residentes foi de 3,33. Isto indicou um nível moderado de capacidade de absorção dos agregados familiares ao défice de infra-estruturas. Olhando para os desvios sobre o índice médio (DM), que é o RAI, verificou-se que, no meio do défice das famílias, os inquiridos na área de estudo foram capazes de absorver reduzindo a limpeza de esgotos (0,17), racionalizando o consumo de energia (0,10) e racionalizando a cozinha (0,07). Da mesma forma, os agregados familiares foram capazes de absorver através da racionalização da água potável (-0,01), da queima de resíduos sólidos no recinto (-0,04), da redução dos banhos (-0,02) e do despejo de resíduos na estrada (-0,19).

Nas três zonas de desenvolvimento, as conclusões indicaram que a capacidade de resposta dos agregados familiares para absorver o impacto do défice de infra-estruturas foi moderada, exceto nos DMs negativos, onde os agregados familiares foram capazes de absorver racionalizando a água potável e a queima de resíduos sólidos no seu recinto. Além disso, existe uma variação no nível de capacidade de absorção do impacto do défice de infra-estruturas nas três zonas de desenvolvimento. No entanto, os resultados estão em consonância com a afirmação anterior do Banco Mundial (2015) de que a falta de infra-estruturas no sul global continua a ser uma miragem, pelo que os residentes absorveram o impacto na sua vida quotidiana.

Quadro 4.32: Índices de capacidade de absorção dos agregados familiares na zona de estudo

Capacidade	Classificação	RAI	DM
Racionalizar a água potável	4	3.32	-0.01
Racionalizar a cozinha	3	3.40	0.07
Redução dos banhos	6	3.28	-0.02
Redução da limpeza de esgotos	1	3.47	0.17
Racionalizar o consumo de energia	2	3.43	0.10
Despejo de resíduos na estrada ou no canal do rio	7	3.14	-0.19
Queima de resíduos sólidos no recinto	5	3.29	-0.04

Nota: DM é o desvio em relação à média

Índice médio de concordância dos residentes (RAI) = 3,33

4.4.2. Nível de capacidade dos agregados familiares para se adaptarem ao impacto do défice de infra-estruturas do agregado familiar

A capacidade dos agregados familiares para se adaptarem ao impacto do défice de infra-estruturas domésticas trata simplesmente da capacidade dos agregados familiares para se adaptarem à falta de água, saneamento, eliminação de resíduos e energia doméstica. Os Quadros 4.33 - 4.36 apresentam os resultados da análise das variáveis com base no cálculo do índice médio. Na zona central, o índice médio de concordância dos residentes foi de 3,28. Isto indicou um nível moderado de capacidade de adaptação dos agregados familiares ao défice de infra-estruturas. Olhando para os desvios em relação ao índice médio (DM), que é o RAI, verificou-se que, no meio do défice do agregado familiar, os inquiridos foram capazes de se adaptar armazenando água num recipiente coberto (0,82), abrindo a janela para ventilação e iluminação (0,73), recolhendo água da chuva (0,71) e utilizando uma lâmpada a pagar (0,69). Do mesmo modo, as famílias conseguiram adaptar-se através da regulação da iluminação da sua casa (-0,18), da purificação da água (-0,9), da dependência da prestação de serviços públicos (-0,91) e da mudança de comportamento em matéria de saneamento ambiental (-

0,95).

Outras constatações nesta zona implicaram que a adaptação dos agregados familiares é elevada, especialmente no que respeita ao abastecimento de água e ao défice de energia doméstica. Os agregados familiares foram capazes de se adaptar ao auto-abastecimento através da recolha de água durante a chuva, e ao fornecimento de energia doméstica através do uso de lâmpadas a pagar, fazendo assim com que a sua capacidade de sobrevivência fosse de nível moderado. No entanto, o nível de capacidade de adaptação dos agregados familiares ao impacto do défice de infra-estruturas domésticas também se reflectiu nos DMs negativos, principalmente observáveis em itens como a iluminação regulada da casa e a purificação da água. Em suma, estas conclusões têm implicações na saúde e no bem-estar dos agregados familiares, particularmente na zona central.

Quadro 4.33: Índices de capacidade de adaptação dos agregados familiares na zona central

Capacidade	Classificação	RAI	DM
Purificação da água	6	2.38	-0.9
Armazenamento de água em contentor coberto	1	4.10	0.82
Recolha de água da chuva	3	3.99	0.71
Dependência da prestação de serviços públicos	7	2.37	-0.91
Iluminação regulada da casa	5	3.10	-0.18
Janela de abertura para ventilação e iluminação	2	4.01	0.73
Mudança de comportamento em matéria de saneamento ambiental	8	2.33	-0.95
Utilizar uma lâmpada recarregável	4	3.97	0.69

Nota: DM é o desvio em relação à média

Índice médio de concordância dos residentes (RAI) = 3,28

Na zona de transição, conforme apresentado na Tabela 4.34, o índice médio de concordância dos residentes foi de 3,21. Isto indicou um nível moderado de capacidade de adaptação dos agregados familiares ao défice de infra-estruturas. Olhando para os desvios em relação ao índice médio (DM), que é o RAI, verificou-se que, no meio do défice do agregado familiar, os inquiridos na zona de transição foram capazes de se adaptar utilizando uma lâmpada carregável (0,81), abrindo a janela para ventilação e iluminação (0,80), armazenando água num recipiente coberto (0,05) e recolhendo água durante a chuva (0,04). Na mesma linha, as famílias foram capazes de se adaptar à mudança de comportamento de saneamento ambiental (-0,10), à iluminação regulada da casa (-0,14), à purificação da água (-0,41) e à dependência da prestação de serviços públicos (-1,04).

Como resultado, as conclusões nesta zona implicam que a adaptação dos agregados familiares é moderada, basicamente no défice de abastecimento doméstico de energia e água, como é evidente na abertura de janelas para ventilação e armazenamento de água em recipientes cobertos. Do mesmo modo, o nível de capacidade de adaptação dos agregados familiares ao impacto do défice de infra-estruturas domésticas também se reflecte nos MDs negativos, observáveis principalmente no saneamento e na recolha de resíduos, tais como a mudança de comportamento de saneamento ambiental e a dependência da prestação de serviços públicos para a recolha de resíduos. No entanto, a capacidade de adaptação é uma indicação da resiliência dos agregados familiares às pressões externas e internas com que se confrontam os aglomerados humanos.

Quadro 4.34: Índices de capacidade de adaptação dos agregados familiares na zona de transição

Capacidade	Classificação	RAI	DM
Purificação da água	7	2.80	-0.41
Armazenamento de água em contentor coberto	3	3.26	0.05
Recolha de água da chuva	4	3.25	0.04
Dependência da prestação de serviços públicos	8	2.17	-1.04
Iluminação regulada da casa	6	3.07	-0.14
Janela de abertura para ventilação e iluminação	2	4.01	0.80
Mudança de comportamento em matéria de saneamento ambiental	5	3.11	-0.10
Utilizar uma lâmpada recarregável	1	4.02	0.81

Nota: DM é o desvio em relação à média

Índice médio de concordância dos residentes (RAI) = 3,21

Na zona suburbana, conforme apresentado na Tabela 4.35, o índice médio de concordância do inquirido foi de 2,39. Isto indicou um baixo nível de capacidade de adaptação dos agregados familiares ao défice de infra-estruturas. Olhando para os desvios em relação ao índice médio (DM), que é o RAI, verificou-se que, no meio do défice do agregado familiar, os inquiridos na zona suburbana foram capazes de se adaptar utilizando a iluminação regulada da casa (0,76), a purificação da água (0,72), a utilização de lâmpadas a pagar (0,71) e a abertura de janelas para ventilação e iluminação (0,62). Da mesma forma, as famílias foram capazes de se adaptar à mudança de comportamento de saneamento ambiental (0,09), à dependência da prestação de serviços públicos (-0,29), ao armazenamento de água em recipiente coberto (1,18) e à recolha de água da chuva (-1,24).

Os resultados implicam que a adaptação dos agregados familiares é moderada, basicamente no que respeita à energia doméstica, como é evidente na iluminação regulada da casa, na utilização de lâmpadas recarregáveis e na abertura de janelas para ventilação e iluminação. Além disso, o nível de capacidade de adaptação dos agregados familiares ao impacto do défice de infra-estruturas domésticas também se reflecte nos DMs negativos, principalmente na recolha de resíduos e no abastecimento de água, como se pode observar na mudança de comportamento de saneamento ambiental e no armazenamento de água em contentores cobertos. Os resultados podem ser atribuídos aos atributos socioeconómicos dos inquiridos na zona onde o nível de rendimento dos agregados familiares era adequado para fornecer infra-estruturas domésticas alternativas nas casas.

Quadro 4.35: Índices de capacidade de adaptação dos agregados familiares na zona suburbana

Capacidade	Classificação	RAI	DM
Purificação da água	2	3.11	0.72
Armazenamento de água em contentor coberto	7	1.21	-1.18
Recolha de água da chuva	8	1.15	-1.24
Dependência da prestação de serviços públicos	6	2.10	-0.29
Iluminação regulada da casa	1	3.15	0.76
Janela de abertura para ventilação e iluminação	4	3.01	0.62

Mudança de comportamento em matéria de saneamento ambiental	5	2.30	-0.09
Utilizar uma lâmpada recarregável	3	3.10	0.71

Nota: DM é o desvio em relação à média

Índice médio de concordância dos residentes (RAI) = 2,39

Conforme apresentado na Tabela 4.36, nas três zonas de desenvolvimento, o índice médio de concordância dos residentes foi de 2,95. Isto indicou um nível moderado de capacidade de adaptação dos agregados familiares ao défice de infra-estruturas. Olhando para os desvios sobre o índice médio (DM), que é o RAI, verificou-se que, no meio do défice do agregado familiar, os inquiridos nas três zonas de desenvolvimento foram capazes de se adaptar usando uma lâmpada a pagar (0,74), abrindo a janela para ventilação e iluminação (0,72) e regulando a iluminação da casa (0,15). Por outro lado, os agregados familiares conseguiram adaptar-se através do armazenamento de água num recipiente coberto (-0,10), da recolha de água da chuva (-0,16), da purificação da água (-0,19), da mudança de comportamento em termos de saneamento ambiental (-0,37) e da dependência da prestação de serviços públicos (-0,74).

Nas três zonas de desenvolvimento, as conclusões implicam que a adaptação dos agregados familiares é moderada no que respeita à utilização de lâmpadas a pilhas, à abertura de janelas para ventilação e iluminação e à iluminação regulada da casa, que se baseiam sobretudo na energia doméstica. Da mesma forma, o nível de capacidade de adaptação das famílias ao impacto do défice de infra-estruturas domésticas também se reflecte nos DMs negativos, principalmente no abastecimento de água, como se pode observar na purificação da água e na recolha de água da chuva. As conclusões são uma indicação do fracasso do Governo na provisão de infra-estruturas domésticas adequadas, levando as famílias a adaptarem-se à situação à sua maneira.

Tabela 4.36: Índices de capacidade adaptativa dos agregados familiares na área de estudo

Capacidade	Classificação	RAI	DM
Purificação da água	6	2.76	-0.19
Armazenamento de água em contentor coberto	4	2.85	-0.10
Recolha de água da chuva	5	2.79	-0.16
Dependência da prestação de serviços públicos	8	2.21	-0.74
Iluminação regulada da casa	3	3.10	0.15
Janela de abertura para ventilação e iluminação	2	3.67	0.72
Mudança de comportamento em matéria de saneamento ambiental	7	2.58	-0.37
Utilizar uma lâmpada recarregável	1	3.69	0.74

Nota: DM é o desvio em relação à média

Índice médio de concordância dos residentes (RAI) = 2,95

4.4.3. Nível de capacidade dos agregados familiares para transformar o impacto do défice de infra-estruturas do agregado familiar

A capacidade dos agregados familiares para se transformarem do impacto do défice de infra-estruturas domésticas é a capacidade dos agregados familiares para desenvolverem alternativas no meio da inadequação das infra-estruturas. Nas Tabelas 4.37 - 4.40 são apresentados os resultados da análise das variáveis com base no cálculo do índice médio. Na zona central, conforme apresentado na Tabela 4.37, o índice médio de concordância dos residentes foi de 2,62. Isto indicou um nível moderado de capacidade de transformação dos agregados familiares face ao défice de infra-estruturas. Olhando para os desvios positivos em relação ao índice médio (DM), que é o RAI, verificou-se que, no meio do défice do agregado familiar, os residentes na zona central foram capazes de se transformar através da recolha de água de furos de organizações individuais e internacionais (0,71), da associação de desenvolvimento comunitário (1,20) e do fornecimento de eliminação de resíduos de saneamento e de energia doméstica a partir de apoio externo (0,47). Da mesma forma, as famílias dependem do abastecimento de água de vendedores (-0,51) e da energia solar para a energia doméstica (-0,53).

Outras conclusões na zona central indicaram que os agregados familiares foram capazes de se transformar do impacto do abastecimento de água, saneamento, recolha de lixo e défice de energia doméstica, dependendo da associação comunitária, indivíduos e organizações internacionais. Embora a capacidade de transformação nesta zona esteja a um nível moderado, os residentes também indicaram DMs negativos, como se pode observar no abastecimento de água por fornecedores, furos e abastecimento de água de poços por vizinhos. As conclusões podem ser o resultado de uma provisão inadequada de infra-estruturas domésticas pelo governo, fazendo com que os inquiridos na zona central dependam principalmente de indivíduos e da associação comunitária para o furo como alternativa de abastecimento de água.

Quadro 4.37: Índices de capacidade de transformação dos agregados familiares na zona central

Capacidade	Classificação	RAI	DM
Fornecimento de água por um fornecedor de água	6	2.11	-0.51
Furo e poço de abastecimento de água pelo agregado familiar	8	1.22	-1.40
Abastecimento de água de furo pela associação de desenvolvimento comunitário	1	3.82	1.20
Abastecimento de água de furos por particulares e organizações internacionais	2	3.33	0.71
Donativo para a prestação de serviços comunitários	3	3.11	0.49
Depender exclusivamente do fornecimento de energia solar	7	2.09	-0.53
Apelar ao apoio externo	4	3.09	0.47
Contratação de um prestador de serviços privado	5	2.24	-0.38

Nota: DM é o desvio em relação à média

Índice médio de concordância dos residentes (RAI) = 2,62

Conforme apresentado na Tabela 4.38, na zona de transição, o índice médio de concordância dos residentes foi de 1,94. Isto indica um baixo nível de capacidade de transformação dos agregados familiares face ao défice de infra-estruturas. A partir da análise dos desvios sobre o índice médio (DM), que é o RAI, verificou-se que, no meio do défice do agregado familiar, os inquiridos na zona de transição foram capazes de se transformar através do fornecimento de furos da associação de desenvolvimento comunitário para abastecimento de água (1,17), pedindo apoio externo (1,15) e água através de vendedores (0,17). Além disso, os agregados familiares também se transformam através da recolha de água do furo dos vizinhos (-0,04), da contratação de um prestador de serviços privado (-0,80) e da dependência do fornecimento de energia solar (-0,93).

Os resultados indicaram que os inquiridos atribuíram um nível elevado ao abastecimento de água do furo da associação de desenvolvimento comunitário e ao pedido de apoio externo para a recolha de lixo, saneamento e fornecimento de energia doméstica, respetivamente. Por outro lado, os inquiridos na zona de transição indicaram DMs negativos como observáveis na recolha de água do furo dos vizinhos, contratação de um fornecedor de serviços privado e dependência do fornecimento de energia solar. Em suma, as conclusões emanadas da zona de transição podem ser atribuídas ao facto de que, sem uma infraestrutura doméstica adequada em qualquer casa, existe um elevado nível de vulnerabilidade dos residentes, levando-os a procurar apoio externo.

Quadro 4.38: Índices de capacidade de transformação dos agregados familiares na zona de transição

Capacidade	Classificação	RAI	DM
Fornecimento de água por um fornecedor de água	3	2.11	0.17
Furo e poço de abastecimento de água pelo agregado familiar	5	1.90	-0.04
Abastecimento de água de furo pela associação de desenvolvimento comunitário	1	3.11	1.17
Abastecimento de água de furos por particulares e organizações internacionais	4	2.09	0.15
Donativo para a prestação de serviços comunitários	7	1.11	-0.83
Depender exclusivamente do fornecimento de energia solar	8	1.01	-0.93
Apelar ao apoio externo	2	3.09	1.15
Contratação de um prestador de serviços privado	6	1.14	-0.80

Nota: DM é o desvio em relação à média

Índice médio de concordância dos residentes (RAI) = 1,94

Conforme apresentado na Tabela 4.39, na zona suburbana, o índice médio de concordância dos residentes foi de 3,32. Isto indicou um nível moderado de capacidade de transformação dos agregados familiares face ao défice de infra-estruturas. Olhando para os desvios em relação ao índice médio (DM), que é o RAI, verificou-se que, no meio do défice do agregado familiar, os inquiridos na zona suburbana foram capazes de se transformar através da dependência de furos de água de indivíduos (0,69) e vizinhos (0,67), fornecimento de energia solar para energia doméstica (0,49). Além disso, os agregados familiares transformam-se através da dependência do furo da associação de desenvolvimento comunitário (-0,18), de donativos para a prestação de serviços comunitários (-0,25) e do pedido de apoio externo (-1,03).

Outras constatações sobre o nível de capacidade de transformação dos agregados familiares face ao impacto do défice de infra-estruturas domésticas nesta zona indicaram que os inquiridos foram capazes de lidar e de se transformar ao dependerem de furos de água de indivíduos e vizinhos para o abastecimento de água e do fornecimento de energia solar como fonte alternativa de energia doméstica. No entanto, tal como indicado nas DMs negativas, os residentes atribuíram um baixo nível de capacidade de adaptação transformadora, observável na dependência do agregado familiar para o abastecimento de água, recolha de resíduos e saneamento através de donativos para a prestação de serviços comunitários e associação de desenvolvimento comunitário. Os resultados indicaram ainda que o nível de capacidade de transformação dos residentes na zona suburbana é moderado.

Quadro 4.39: Índices de capacidade de transformação dos agregados familiares na zona suburbana

Capacidade	Classificação	RAI	DM
Fornecimento de água por um fornecedor de água	4	3.21	-0.11
Furo e poço de abastecimento de água pelo agregado familiar	2	3.99	0.67
Abastecimento de água de furo pela associação de desenvolvimento comunitário	6	3.14	-0.18
Abastecimento de água de furos por particulares e organizações internacionais	1	4.01	0.69
Donativo para a prestação de serviços comunitários	7	3.07	-0.25
Depender exclusivamente do fornecimento de energia solar	3	3.81	0.49
Apelar ao apoio externo	8	2.29	-1.03
Contratação de um prestador de serviços privado	5	3.11	-0.21

Nota: DM é o desvio em relação à média
Índice médio de concordância dos residentes (RAI) = 3,32

Conforme apresentado na Tabela 4.40, nas três zonas de desenvolvimento da área de estudo, o índice médio de concordância dos residentes foi de 2,63. Isto indica um baixo nível de capacidade de transformação dos agregados familiares face ao défice de infra-estruturas. Olhando para os desvios sobre o índice médio (DM), que é o RAI, verificou-se que, no meio do défice do agregado familiar, os inquiridos na área de estudo foram capazes de se transformar, dependendo do abastecimento de água da associação de desenvolvimento comunitário (0,72), de indivíduos e de organizações internacionais (0,51), e pedindo apoio externo (0,19). Da mesma forma, o donativo para a prestação de serviços comunitários (-0,20), o abastecimento de água por furos e poços pelo vizinho (-0,26), a dependência das famílias do abastecimento de energia solar (-0,33) e a contratação de um prestador de serviços privado (-0,47).

Nas três zonas de desenvolvimento, as conclusões indicaram que os inquiridos conseguiram lidar com a situação e transformá-la dependendo da associação de desenvolvimento comunitário, de indivíduos e de organizações internacionais, e pedindo apoio externo para o abastecimento de água, saneamento, recolha de lixo e energia doméstica. Por outro lado, os inquiridos indicaram DMs negativos sobre a capacidade de transformação da doação para a prestação de serviços comunitários, a dependência dos agregados familiares do fornecimento de energia solar e a contratação de um prestador de serviços privado para a recolha de resíduos. Em suma, os resultados indicaram que o nível de capacidade das famílias para se transformarem a partir do défice de infra-estruturas domésticas é baixo na área de estudo, fazendo com que os sistemas físicos, sociais e económicos estejam à beira da extinção.

Tabela 4.40: Índices de capacidade de transformação dos agregados familiares na área de estudo

Capacidade	Classificação	RAI	DM
Fornecimento de água por um fornecedor de água	4	2.47	-0.16
Furo e poço de abastecimento de água pelo agregado familiar	6	2.37	-0.26
Abastecimento de água de furo pela associação de desenvolvimento comunitário	1	3.35	0.72
Abastecimento de água de furos por particulares e organizações internacionais	2	3.14	0.51
Donativo para a prestação de serviços comunitários	5	2.43	-0.20
Depender exclusivamente do fornecimento de energia solar	7	2.30	-0.33
Apelar ao apoio externo	3	2.82	0.19
Contratação de um prestador de serviços privado	8	2.16	-0.47

Nota: DM é o desvio em relação à média

Índice médio de concordância dos residentes (RAI) = 2,63

4.5 Factores que influenciam a capacidade de resistência dos agregados familiares ao défice de infra-estruturas

Esta secção inclui os resultados e a interpretação dos dados recolhidos sobre os factores que influenciam a resiliência dos agregados familiares ao défice de infra-estruturas nas três zonas de desenvolvimento de Ogbomoso. Neste estudo, a resiliência dos agregados familiares ao défice de infra-estruturas é conceptualizada como sendo influenciada pelas características socioeconómicas e pelo nível e impacto do défice de infra-estruturas. Estes factores foram determinados a partir de variáveis utilizadas nos objectivos anteriores do estudo. Nesta secção, a redução e a relação casual entre as variáveis foram determinadas utilizando análises de factores e de correlação. A análise fatorial foi depois utilizada para reduzir as variáveis observadas às suas variáveis latentes. Isto estava de acordo com as leis das realidades convergente e divergente (Odunsi, 2016; Daramola & Odunsi, 2017). A realidade convergente consistia em assegurar que todas as variáveis que se previa que fossem abrangidas pelos mesmos factores o fossem, enquanto a realidade divergente consistia em assegurar que as variáveis que se previa que fossem abrangidas por factores semelhantes o fossem.

A questão da colinearidade entre os factores de previsão foi resolvida através da utilização da Análise de Componentes Principais (ACP). Um índice Kaiser-Meyer-Olkin (KMO) de 0,933 foi obtido a partir da análise (ver Tabela 4.41). Este facto confirmou a adequação do conjunto de dados, uma vez que o índice era superior a 0,5 (KMO > 0,5), que é a pontuação de teste padrão. Uma matriz de rotação Varimax efectuada no decurso da análise assegurou que as variáveis observadas se reordenassem de forma a que um dos componentes tivesse uma carga elevada numa das variáveis originais e uma carga baixa noutras. A rotação convergiu em 3 iterações e foi obtida uma solução de duas componentes. Foram consideradas as variáveis com carga de componente superior a 0,50, excluindo as que tinham carga inferior a 0,50

Tabela 4.41: KMO e teste de Bartlett

Medida de Kaiser-Meyer-Olkin	de adequação da amostragem.	.933
Teste de esfericidade de Bartlett	Aprox. Qui-quadrado	3771.818
	Df	136
	Sig.	.000

Os Quadros 4.42 e 4.43 apresentam os resultados da análise de factores sobre os factores que influenciam a resiliência dos agregados familiares ao défice de infra-estruturas nas zonas de desenvolvimento de Ogbomoso. Os resultados revelaram que o primeiro fator (Componente 1) tinha um valor Eigen de 6,489 e constituía a maior proporção (38,172%) da variância do conjunto de dados após a rotação. As variáveis que o componente carregou fortemente foram o nível de défice de infra-estruturas do agregado familiar, evidente na falta de casa de banho (0,696), na falta de água potável (0,730) e na drenagem inadequada (0,734). Além disso, o impacto do défice de infra-estruturas é evidente na falta de higiene ambiental (0,780), na deposição de resíduos sólidos nas imediações (0,834), na iluminação inconsistente (0,875), na incapacidade de utilizar aparelhos eléctricos (0,894) e na redução do valor da propriedade (0,969). Por conseguinte, este fator foi designado por "Nível e impacto do défice de infra-estruturas domésticas".

O segundo fator (Componente 2) teve um valor Eigen de 5,785 e também foi responsável por uma elevada proporção (34,029%) da variância no conjunto de dados após a rotação. As variáveis sobre as quais este fator teve uma carga elevada foram o rendimento (0,846), a profissão (0,865), as habilitações literárias (0,931), a idade (0,942) e o sexo (0,956). O sexo, a idade, as habilitações literárias, a profissão e o rendimento eram características socioeconómicas dos chefes de família. Este fator foi então designado por "Características Socioeconómicas". A relação entre a resiliência dos agregados familiares ao défice de infra-estruturas e os dois factores (nível e impacto do défice de infra-estruturas e características socioeconómicas) nas zonas centrais, de transição e suburbanas foi ainda examinada através de uma análise de regressão múltipla sequencial que produziu dois modelos (Quadros 4.44 - 4.46). A resiliência dos agregados familiares ao défice de infra-estruturas serviu de variável dependente, enquanto o nível e o impacto do défice de infra-estruturas e as características socioeconómicas serviram de variáveis independentes. O nível e o impacto do défice de infra-estruturas nos agregados familiares foi o fator de nível de entrada que produziu o primeiro modelo. O coeficiente de determinação múltipla (R^2 = 0,072) para este primeiro modelo mostrou que o impacto do défice de infra-estruturas é um fator de previsão da resiliência dos agregados familiares ao défice de infra-estruturas. Isto sugere que 7,2% da resiliência dos agregados familiares resultou do nível e do impacto do défice de infra-estruturas nas três zonas de desenvolvimento.

Componente	Valores próprios iniciais			Extração Somas de cargas quadradas			Somas de cargas quadráticas de rotação		
	Total	% de variação	Acumulado %	Total	% de variação	Acumulado %	Total	% de variação	Acumulado %
1	6.705	39.439	39.439	6.705	39.439	39.439	6.489	38.172	38.172

2	5.570	32.762	72.201	5.570	32.762	72.201	5.785	34.029	72.201
3	.697	4.102	76.303						
4	.649	3.819	80.122						
5	.558	3.282	83.404						
6	.510	3.000	86.403						
7	.407	2.396	88.799						
8	.336	1.977	90.776						
9	.310	1.823	92.600						
10	.272	1.601	94.201						
11	.217	1.279	95.480						
12	.210	1.235	96.714						
13	.173	1.020	97.734						
14	.145	.853	98.587						
15	.114	.673	99.260						
16	.078	.459	99.720						
17	.048	.280	100.000						

Método de extração: Análise de componentes principais.

Tabela 4.43: Matriz de componentes rodados[a]

Variável	Componente	
	1	2
Reduz o valor da propriedade	.969	
Incapacidade de utilizar aparelhos eléctricos	.894	
Iluminação inconsistente	.875	
Resíduos sólidos que sujam os arredores	.834	
Má higiene ambiental	.780	
Falta de água potável	.730	
Casa de banho inadequada	.696	
Género		.959
Idade		.942
Nível de escolaridade		.931
Ocupação		.865
Rendimento		.846

Método de extração: Análise de componentes principais.

Método de rotação: Varimax com normalização Kaiser.

a. A rotação convergiu em 3 iterações.

Quadro 4.44: Resumo dos modelos de regressão

Modelo	R	R Quadrado	R ajustado Quadrado	Erro Std. da Estimativa	Alterar estatísticas				
					R Quadrado Alterar	F Alterar	df1	df2	Sig. F Alterar
1	.268[a]	.072	.067	1.117	.072	17.112	1	222	.000
2	.547[b]	.299	.293	.973	.227	71.649	1	221	.000

a. Preditores: (Constante), Nível e Impacto do Défice de Infra-estruturas b. Preditores: (Constante), Características Socioeconómicas

Tabela 4.45: Resumo da ANOVA para modelos de regressão

Modelo		Soma de quadrados	Df	Quadrado médio	F	Sig.
1	Regressão	21.335	1	21.335	17.112	.000b
	Residual	276.790	222	1.247		
	Total	298.125	223			
2	Regressão	89.101	2	44.551	47.103	.000c
	Residual	209.024	221	.946		
	Total	298.125	223			

a. Variável Dependente: Resiliência dos agregados familiares ao défice de infra-estruturas b. Preditores: (Constante), Nível e Impacto do Défice de Infra-estruturas
c. Preditores: (Constante), Características Socioeconómicas

Quadro 4.46: Resumo dos coeficientes de regressão[a]

Modelo		Não padronizado Coeficientes		Normalizado Coeficientes	T	Sig.
		Erro B	Std .	Beta		
1	(Constante)	2.813	.075		37.698	.000
	Nível e impacto da Défice de infra-estruturas	-.309				
2	(Constante)	2.813				
	Socioeconómico Características	-.309				
	Zonas de desenvolvimento	.551				
	Level and Impact of Infrastructure Deficit	-.309	.075	-.268	-4.137	.000
2	(Constant)	2.813	.065		43.283	.000
	Socioeconomic Characteristics	-.309	.065	-.268	-4.750	.000
	Developmental Zones	.551	.065	.477	8.465	.000

a. Variável Dependente: Resiliência das famílias ao défice de infra-estruturas

O segundo modelo de regressão forneceu os resultados do nível e do impacto do défice de infra-estruturas e das características socioeconómicas dos agregados familiares nas três zonas de desenvolvimento, quando foi adicionado para examinar a resistência dos agregados familiares ao défice de infra-estruturas. Os resultados revelaram, no entanto, que as características socioeconómicas são um fator de previsão mais elevado que influencia a capacidade de resistência dos agregados familiares ao défice de infra-estruturas. Por conseguinte, verificou-se que as características socioeconómicas tinham um coeficiente de determinação múltipla (R^2) de 0,299. Isto sugere que 29,9% da resiliência dos agregados familiares ao défice de infra-estruturas foi prevista pelas características socioeconómicas dos agregados familiares nas zonas de desenvolvimento. Além disso, o coeficiente de determinação das características socioeconómicas foi determinado como alteração do coeficiente de determinação múltipla (ΔR^2= 0,227). É, portanto, uma indicação de que 22,7%

da resistência dos agregados familiares ao défice de infra-estruturas foi prevista pelas características socioeconómicas nas três zonas de desenvolvimento.

As equações de regressão (4.1 e 4.2) foram construídas utilizando os coeficientes de regressão padronizados e não padronizados com base nos dois modelos de regressão.

Para os coeficientes não normalizados (B) como:

$$y = 2.813 - 3.09x_1 + 0.551x_2 + \varepsilon \quad \ldots\ldots\ldots\ldots\ldots\ldots (4.1)$$

Para os coeficientes padronizados (B), a equação de regressão é

$$y = -0.268x_1 + 0.477x_2 \quad \ldots\ldots\ldots\ldots\ldots\ldots (4.2)$$

Onde:

a = Constante

y = Resiliência das famílias ao défice de infra-estruturas

x1 = Nível e impacto do défice de infra-estruturas

x2 = Características socioeconómicas dos chefes do agregado familiar

ε = Termo de erro

A equação (4.2) fornece a plataforma para comparar as variáveis preditoras ou independentes no modelo devido à pontuação padrão que eliminou as unidades. As características socioeconómicas dos chefes de família (B1 = 0,477) foram um preditor moderado e positivo da resiliência das famílias ao défice de infra-estruturas nas zonas centrais e suburbanas. Embora com um coeficiente de regressão negativo, o nível e o impacto do défice de infra-estruturas foi um fator de previsão baixo da resiliência dos agregados familiares ao défice de infra-estruturas na zona de transição da área de estudo.

CAPÍTULO 5

RESUMO DOS RESULTADOS, CONCLUSÕES E RECOMENDAÇÕES

5.1 Preâmbulo

Este capítulo constitui o aspeto final do estudo. Consiste na síntese dos resultados, na conclusão, nas recomendações e na contribuição para o conhecimento.

5.2 Resumo das conclusões

Os resultados do estudo revelaram que a maioria (62,8%) dos inquiridos eram homens e casados (82,8%). O nível de escolaridade dos inquiridos aumentou das zonas centrais para as suburbanas, com 21,4%, 56,9% e 88,4% a possuírem o ensino superior nas zonas centrais, de transição e suburbanas, respetivamente. Nas três zonas de desenvolvimento, a maioria dos inquiridos (51,8%) tinha agregados familiares de grandes dimensões na zona de desenvolvimento central, ao contrário da zona de desenvolvimento suburbana, onde a maioria (73,3%) tinha agregados familiares de pequenas dimensões. Exceto na zona de desenvolvimento central, onde 57,4% dos inquiridos tinham mais de 60 anos, 72,3% e 43,3% dos inquiridos nas zonas de transição e suburbanas tinham entre 40 e 59 anos, respetivamente. Os resultados também indicam que uma maioria simples (49,9%) dos inquiridos permaneceu mais de dez (10) anos nas três zonas de desenvolvimento. Quanto aos rendimentos dos inquiridos, 64,2% e 70,8% dos inquiridos nas zonas de desenvolvimento central e de transição ganhavam menos de N50.000, respetivamente, mas na zona de desenvolvimento suburbana, 53,3% ganhavam entre N100.000 e N149.999. Do mesmo modo, descobriu-se que, na zona de desenvolvimento central, as casas de habitação unifamiliar representavam 76,4%, ao contrário da zona de desenvolvimento suburbana, onde 65,0% das casas eram blocos de apartamentos. Além disso, 44,9% e 48,6% dos inquiridos nas zonas de desenvolvimento central e de transição, respetivamente, residiam em casas alugadas, enquanto 58,3% dos inquiridos na zona de desenvolvimento suburbana residiam em casas ocupadas pelos proprietários. Em suma, as conclusões do estudo sobre as características socioeconómicas dos inquiridos revelaram variações nas três zonas de desenvolvimento de Ogbomoso.

Com base nas conclusões sobre o nível e o impacto do défice de infra-estruturas na área de estudo, descobriu-se que, ao contrário das duas outras zonas de desenvolvimento, 53,9% dos inquiridos na zona de desenvolvimento central não dispunham de abastecimento de água nas suas casas. No entanto, nas três zonas de desenvolvimento, o abastecimento de água potável era geralmente baixo e 23,9% dos inquiridos tinham acesso a água de furo. Na mesma linha, o nível de disponibilidade de casas de banho era baixo na cidade, uma vez que apenas 3,3% e 8,3% dos inquiridos nas zonas de desenvolvimento central e de transição não tinham acesso a água potável nas suas casas.

zonas de desenvolvimento tinham acesso a casas de banho com autoclismo. O efeito disto foi revelado nas três zonas de desenvolvimento com casos de defecação a céu aberto, especialmente na zona de desenvolvimento central. Além disso, 79,7% e 66,7% dos agregados familiares nas zonas de desenvolvimento central e de transição, respetivamente, não utilizam energia moderna amiga do ambiente, enquanto 73,3%, que constituíam a maioria na zona suburbana, utilizavam fontes de energia modernas para cozinhar. Apesar da variação no nível de défice de infra-estruturas nas três zonas de desenvolvimento, existe um nível moderado de impacto do défice de infra-estruturas nos agregados familiares nas zonas de desenvolvimento central (RII = 3,01) e de transição (RII = 3,14), mas um baixo impacto na zona de desenvolvimento suburbana (RII = 2,29). No entanto, nas três zonas de desenvolvimento, existe um nível moderado de impacto (RII = 2,81) do défice de infra-estruturas.

A resiliência dos agregados familiares ao défice de infra-estruturas foi também avaliada utilizando as dimensões absorvente, adaptativa e transformadora da capacidade de sobrevivência. Foi encontrado um nível moderado na capacidade de absorção dos agregados familiares no núcleo *(RAI = 3,35), na* transição *(RAI* = 3,41) e nos subúrbios *(RAI* = 3,24). Um nível moderado semelhante foi também encontrado na capacidade adaptativa dos agregados familiares no núcleo *(RAI* = 3,28), na transição *(RAI* = 3,21), mas registou-se um nível baixo na capacidade adaptativa dos agregados familiares na zona suburbana *(RAI* = 2,39). Além disso, também foi encontrado um nível moderado nas capacidades de transformação das famílias no núcleo *(RAI* = 2,62), suburbano *(RAI* = 3,32), mas houve um nível baixo na zona de transição *(RAI* = 1,94). Embora o nível de resiliência às três componentes do défice de infra-estruturas tenha sido moderado nas três zonas, o índice médio para a capacidade de absorção foi inferior na zona suburbana, em comparação com a zona central, que foi inferior ao da zona de transição. Isto implica que os inquiridos na zona suburbana eram menos susceptíveis de resistir ao impacto do défice de infra-estruturas domésticas, em comparação com os da zona central, que também eram mais absorventes do que os da zona de transição. Relativamente à capacidade de adaptação, os seus índices médios foram mais elevados na zona central, em comparação com a zona de transição, que também foi mais elevada do que a da zona suburbana. Isto implica que os inquiridos da zona central se adaptaram mais ao défice de infra-estruturas do que os das zonas de transição e suburbanas. No entanto, com base nas capacidades de transformação, os índices médios foram mais elevados na zona suburbana, em comparação com a zona central, que também foi mais elevada do que a zona de transição. Isto implica que os inquiridos da zona suburbana se transformam do défice de infra-estruturas em comparação com os inquiridos das zonas central e de transição.

Nas três zonas de desenvolvimento, as características socioeconómicas dos agregados familiares e o nível e impacto do défice de infra-estruturas foram os factores predominantes que influenciaram a resiliência dos agregados familiares ao défice de infra-estruturas. Com base nos resultados da análise fatorial, as características socioeconómicas foram as mais elevadas, com um valor próprio de 6,489 e 38,17% da variância. O nível e o impacto do défice de infra-estruturas foram os mais baixos, com um valor próprio de 5,785 e 34,029% da variância. Do mesmo modo, o coeficiente de determinação múltipla (R^2 = 0,072) indicou que o nível e o impacto do défice de infra-estruturas, juntamente com o sexo, a idade e o nível de rendimento dos agregados familiares, eram factores de previsão da resistência dos agregados familiares ao défice de infra-estruturas. Por conseguinte, o nível e o impacto do défice de infra-estruturas e as características socioeconómicas dos agregados familiares influenciam a sua capacidade de resistência ao défice de infra-estruturas nas três zonas de desenvolvimento.

5.3 Conclusão

O estudo estabeleceu que as características socioeconómicas dos chefes de família variavam entre as três zonas de desenvolvimento e a variação era mais pronunciada na zona de desenvolvimento central quando comparada com outras zonas. Existe também um elevado nível de abastecimento de água, saneamento e défice de energia doméstica nas zonas de desenvolvimento central e de transição, ao contrário da zona suburbana que é predominantemente elevada com recolha inadequada de resíduos. Da mesma forma, existia variação no impacto do défice de infra-estruturas, uma vez que os inquiridos nas zonas de desenvolvimento central e de transição experimentaram um nível moderado, mas com um nível baixo na zona suburbana. No entanto, a capacidade dos agregados familiares para absorver o impacto do défice de infra-estruturas é elevada nas três zonas de desenvolvimento. Também é baixo o nível de adaptação das famílias ao défice de infra-estruturas nas zonas de desenvolvimento central e de transição, mas é elevado o nível de transformação na zona de desenvolvimento suburbana. Com base nos resultados do estudo, pode concluir-se que o nível de resiliência das famílias ao défice de infra-estruturas aumenta à medida que a distância aumenta da zona de desenvolvimento central para a zona suburbana, sendo influenciado pelas características socioeconómicas e pelo nível e impacto do défice de infra-estruturas.

5.4 Recomendações

Com base nas conclusões deste estudo, são propostas as seguintes recomendações no que respeita às zonas de desenvolvimento central, de transição e suburbana:

- É necessária uma intervenção governamental na provisão de infra-estruturas domésticas, especialmente nas zonas de desenvolvimento centrais e de transição, uma vez que alguns inquiridos não tinham um nível de rendimento sustentável para suportar a provisão de infra-estruturas domésticas adequadas nas suas casas. Isto reduzirá o impacto do défice de infra-estruturas domésticas e aumentará a resistência das famílias ao défice de infra-estruturas na zona.
- É necessário que os actores internacionais criem um quadro viável, um programa e planos de ação para o fornecimento de infra-estruturas sustentáveis a nível doméstico e comunitário, complementando assim os esforços do governo para o fornecimento de infra-estruturas sustentáveis na área de estudo.
- O governo e as comunidades devem ser parceiros no fornecimento de infra-estruturas domésticas. A parceria conjunta entre o governo e a comunidade deve ser melhorada, porque a provisão de infra-estruturas é concretizada quando chega à comunidade através do esforço conjunto do governo e da comunidade.
- As organizações comunitárias de apoio ao desenvolvimento de infra-estruturas devem ser incentivadas nas três zonas de desenvolvimento. Particularmente na zona suburbana, com o aumento do nível de rendimento, é necessário conceber várias técnicas de autoajuda para responder às necessidades de fornecimento de infra-estruturas a nível doméstico e comunitário.
- É igualmente necessário que o governo formule políticas sustentáveis para o planeamento de infra-estruturas sustentáveis. Isto ajudará a reduzir a defecação a céu aberto e o despejo de resíduos nos canais dos rios, principalmente nas zonas de desenvolvimento centrais e de transição.

5.5 Contribuição para o conhecimento

O estudo estabeleceu que a resistência dos agregados familiares ao défice de infra-estruturas nas três zonas de desenvolvimento era semelhante, apesar do nível e do impacto variados do défice de infra-estruturas.

REFERÊNCIAS

Abubakar, I. R. (2017). Acesso a instalações de saneamento entre as famílias nigerianas: Determinants and Sustainability Implications. *MDPI Sustainability*, 9, 547; Doi:10.3390/su9040547.

Adeboyejo, A. T., e Abodunrin, F. O. (2006). Spatio-Temporal Variations in Urban crime in Ogbomoso, Nigeria (Variações espácio-temporais da criminalidade urbana em Ogbomoso, Nigéria). *Global Journal of Environmental Sciences*, 6 (1) 21-26.

Adeboyejo, A. T., e Abolade, O. (2009). Household *Responses to Urban Encroachment on the Rural Hinterland in the Ogbomoso Urban Fringe, Nigeria*. Em De-Sherbinin, A., Barbieri, J. C., e Y. Zhu (eds). Urban Population-Environment Dynamics in the Developing World: Case Studies and Lessons learned. Paris: Comité de Cooperação Internacional para a Investigação Nacional em Demografia [CICRED] 1- 316.

Adenikinju, A. (2005). Analysis of the cost of infrastructure failures in a developing economy. O caso do sector da eletricidade na Nigéria. Documento de Investigação AERC 148, Consórcio Africano de Investigação Económica, Nairobi.

Adeoye, D. O. (2016). Desafios da qualidade da habitação urbana: Insights and Experiences of Akure, Nigeria. *Procedia-Social and Behavioural Sciences*. 3 (10) 8-14.

Adetunji, M. A., Alabi, A. T., e Oyeleye O. I. (2018). Avaliação da qualidade do ambiente construído em Ogbomoso, estado de Oyo, Nigéria. *Revista Internacional de Geografia Física e Humana*, 6 (2) 1-10.

Afon, A.O. (2005). Gestão de Resíduos Sólidos em Cidades Seleccionadas do Estado de Oyo. Tese de doutoramento apresentada ao Departamento de Planeamento Urbano e Regional, Universidade Obafemi Awolowo, Ile Ife, Nigéria.

Afon, A. O. (2007). Uma análise da produção de resíduos sólidos numa cidade tradicional africana: O exemplo de Ogbomoso, Nigéria. *Environment and Urbanization*. 19: 527. DOI: 10.1177/0956247807082834.

Afon, A. O. e Okewole A. (2007). Estimating the quantity of Solid Waste generation in Oyo, Nigeria (Estimativa da quantidade de produção de resíduos sólidos em Oyo, Nigéria). *Waste Management and Research,* 25 (4) 371 - 392.

Grupo do Banco Africano de Desenvolvimento [AFDB]. (2010). Défice de infra-estruturas e oportunidades em África: Economic Brief, Banco Africano de Desenvolvimento.

Agbola, T., e Olatubara, C. O. (2004). *Controlo do Desenvolvimento e Normas de Planeamento*. In: T. Agbola (ed.), Readings in Urban and Regional Planning. Ibadan: Macmillan, 137-159.

Akhalumeh, P.B., e Ohiokha, F. I. (2013). O lugar da infraestrutura física na realização da visão 20: 2020 da Nigéria. *Revista Internacional de Gestão e Sustentabilidade*, 2 (7) 127-137.

Akinola, S. R. (2007). Coping with Infrastructural Deprivation through Collective Action among Rural People in Nigeria [Lidar com a privação de infra-estruturas através da ação colectiva entre a população rural na Nigéria]. *Jornal Nórdico de Estudos Africanos, 16* (1) 30 - 46.

Akintola, B. L. (2011). *Um Compêndio de Termos de Planeamento Urbano e Desenvolvimento Físico.* Brightness Research Consult, Osogbo, Estado de Osun, Nigéria.

Akinwale, A. A. (2010). The Menace of Inadequate Infrastructure in Nigeria (A ameaça das infra-estruturas inadequadas na Nigéria). *Revista Africana de Ciência, Tecnologia, Inovação e Desenvolvimento*, 2 (3) 207-223.

Akter, S. e Mallick, B. (2013). The poverty-vulnerability-resilience nexus: Evidence from Bangladesh. *Ecological Economics*, 96 (2) 114 - 124

Almeida, B. A., e Mostafavi, A. (2016). Resiliência dos Sistemas de Infra-estruturas à Subida do Nível do Mar em Zonas Costeiras: Impactos, Medidas de Adaptação e Desafios de Implementação. *MDPI Sustainability*, 8 (111). Doi:10.3390/su8111115.

Ayanwole, G.O. (2018). Análise da resposta não estatal à prevenção do crime em áreas residenciais de Ogbomoso. Dissertação de Mestrado apresentada ao Departamento de Planeamento Urbano e Regional, Universidade Obafemi Awolowo, Ile Ife, Nigéria.

Ayeni, B. (1979). *Concepts and Techniques in Urban Analysis (Conceitos e Técnicas de Análise Urbana).* Londres: Croom Helm Ltd.

Relatório sobre o Desenvolvimento da Água em África [AWDR]. (2006). Água e Ambientes Urbanos. Relatório Africano sobre o Desenvolvimento da Água 2006.

Babalola, O. D., Ibem, E. O., Fulani, O. A., e Olotuah, A. O. (2016). Perceção dos residentes sobre a qualidade da habitação pública em Lagos, Nigéria. *Revista Internacional de Ciências Ambientais Aplicadas*, 11 (2) 583-598.

Babawale, G. K. (2004). Sustainable Urban Infrastructure Delivery in Nigeria. The Role of Private Sector and Community Based Organisation (CBOS) paper presented at the 34 Annual Conferences of NIEUS.

Bailie, R. S., e Runcie, M. J. (2006). Household Infrastructure in Aboriginal Communities and the implications for Health Improvement (Infra-estruturas domésticas nas comunidades aborígenes e implicações para a melhoria da saúde). *The Medical Journal of Australia*. 2 (17) 363 - 366.

Balchin, P. N., Bull, G. H. e Kieve, J. L. (2000). *Urban Land Economics and Public Policy*. London: Macmillan Press Limited.

Berkes, F., Colding, J., e Folke, C. (2003). *Navigating Socio-Ecological Systems: Building Resilience for Complexity and Change.* Cambridge: Cambridge University Press.

Bilenkisi, F., Gungor, M. S., e Tapsin, G. (2015). O impacto dos níveis de educação dos chefes de família no risco de pobreza: as evidências da Turquia. *Educational Sciences: Teoria e Prática*, 15 (2) 337-348.

Gabinete de Estatísticas do Trabalho [BLS]. (2017). Employment Characteristics of Families [Características do emprego das famílias]. Comunicado de imprensa, Departamento do Trabalho dos EUA.

Burgess, E. W. (1925). The Growth of City. Em Robert, E.P. (Ed) *The City*. University of Chicago Press, Chicago.

Departamento de Serviços Sociais da Califórnia. (2013). Inquérito sobre as características do agregado familiar Calfresh. Divisão de Administração, Secção de Serviços de Investigação, Gabinete Federal de Relatórios e Análise de Dados. Disponível em: http//www.dss.cahwnet.gov/cdssweb/PG147.htm. Acedido em 11 de janeiro de 2022.

Censo da Índia. (2001). Dados do recenseamento. Gabinete do Conservador-Geral e Comissário dos Censos da Índia, Ministério dos Assuntos Internos, Governo da Índia. Recuperado de http//censusindia.gov.in/Metadata/Metadat.htm.

Commonwealth of Australia. (2012). *Planeamento e execução de infra-estruturas: Best Practice.* Estudos de caso da Austrália: Departamento de Infra-estruturas e Transportes. Obtido em www.infrastructure.gov.au.

Dabiri, R., B. (2019). Perceção dos residentes sobre a entrega de infraestrutura em conjuntos habitacionais públicos no estado de Lagos, Nigéria. Uma tese de mestrado apresentada ao

Departamento de Planeamento Urbano e Regional, Universidade Obafemi Awolowo, Ile Ife, Nigéria.

Daramola, O. P. (2011). Variação Espacial do Abastecimento de Água e Saneamento Doméstico em Agege, Estado de Lagos, Nigéria. Dissertação de Mestrado apresentada ao Departamento de Planeamento Urbano e Regional, Universidade Obafemi Awolowo, Ile Ife, Nigéria.

Daramola, O. (2012). Bater palmas com uma mão: O caso das práticas de saneamento ambiental urbano na Nigéria. *Jornal de Tecnologia Aplicada em Saneamento Ambiental*, 2 (4) 223-228.

Daramola, O. P. (2015). Práticas de saneamento ambiental em áreas residenciais da metrópole de Ibadan, Nigéria. Tese de doutoramento apresentada ao Departamento de Planeamento Urbano e Regional, Universidade Obafemi Awolowo, Ile Ife, Nigéria.

Daramola, O. (2016). Modelação Conceptual do Comportamento de Saneamento Ambiental dos Residentes numa Metrópole Nigeriana. *Estudos Económicos e Ambientais*, 16 (2) 207-227.

Daramola, O. P. e Olawuni, P. O. (2017). Avaliação do Sector de Abastecimento de Água e Saneamento para a Agenda de Desenvolvimento Pós-2015: Um Foco na Metrópole de Lagos, Nigéria. *Ambiente, Desenvolvimento e Sustentabilidade*; DOI:10.1007/s10668-017-0077-8

Daramola, O. P., Olowoporoku, O. A., e Mobolaji, D. O. (2023). Biting the Bullet: The case of Households' Resilience to Water and Sanitation Deficit in Nigeria (O caso da resiliência das famílias ao défice de água e saneamento na Nigéria). *Environmental Problems Journal*. 8(1) 37 - 46. https://doi.org/10.23939/ep2023.01.037

Departamento para o Desenvolvimento Internacional [DFID]. (2011). Definição de Resiliência a Desastres: A DFID Approach. Obtido de https://www.gov.uk/govemment/uploads/system/uploads/attachment data/file/186874/d fining-disaster-resilience-approach-paper.pdf.

D'Errico, A.O., Pietrelli, J. K., e Romano, O. (2013). Resiliência das famílias à insegurança alimentar: evidências da Tanzânia e do Uganda. MDI, 16 (6) 124-141.

Egunjobi, L. (1987). Disparidades no acesso ao abastecimento urbano de água: A Study of Two Neighbourhoods in Ibadan. Em Makinwa, P.K. e Ozo, O.A. (Eds) *The Urban Poor in Nigeria*. Evans Brothers Nigerian Publisher Limited, Ibadan, 183 - 206.

Elwell, K. C. (2014). A distribuição do rendimento das famílias e a classe média. Serviço de Pesquisa do Congresso, 7-5700, RS2081. Recuperado em: www.crs.gov. Acedido em 12 de janeiro de 2022.

Fakere, A. A., e Ayoola, H. A. (2018). Características socioeconómicas e participação comunitária na provisão de infraestruturas em Akure, Nigéria. *Cogent Social Sciences*, 4(1), 143- 161. DOI: 10.1080/23311886.2018.1437013.

Folke, C., Capenter, S., Elmqvist, T., Gunderson, L., Holling, C., e Walker, B. (2002). Resiliência e desenvolvimento sustentável: Building Adaptive Capacity in a World of Transformations. Scientific Background Paper on Resilience for the process of The World Summit on Sustainable Development on behalf of The Environmental Advisory Council to the Swedish Government. Conselho Consultivo para o Ambiente, Ministério do Ambiente, Estocolmo, Suécia.

Folke, C., Capenter, S., Elmqvist, T., Gunderson, L., Holling, C., e Walker, B. (2002b). Resiliência e desenvolvimento sustentável: Building Adaptive Capacity in a World of Transformations. Ambio, 31 (5) 437-440.

Foster, V., Butterfield, W., Chenc, C., e Pushak, N. (2009). Building Bridges: China's Growing Role as Infrastructure Financier for Sub-Saharan Africa". Banco Mundial. Doi. Org/10.1596/978-0-8213-7554-9.

Fulmer, J. (2009). *What in the World is Infrastructure?* Estratégia de Investimento: Investimento em infra-estruturas Artigo convidado.

Graham, J. R., Harvey, C. R., e Puri, M. (2005) Capital Allocation and Delegation of Decision- Making Authority within Firms. *Journal of Financial Economics.* 11(5) 449 470.

Iniciativa Global para a Eletricidade [GEI]. (2014). *Relatório da Iniciativa Global para a Eletricidade 2014.* Londres, Reino Unido: Global Electricity Initiative. Recuperado em 12 de outubro de 2021, de www.globalelectricityinitiative.org

Harris, C. D. e Ulman, E. L. (1945). The Nature of Cities. *Annals of American Academic and Political Social Science.* 242 (9) 81 - 101.

Holling, C. (1973). Resiliência e Estabilidade dos Sistemas Ecológicos. Annual Review of Ecology and Systematics.

Holling, C. (2010). Localisation and Resilience at the Local Level (Localização e Resiliência a Nível Local): The Case of Transition Town Totnes, Devon, UK. Retirado de Transitionnetwork.org/blogs/rob-hopkins.

Hoyt, H. (1939). The Structure and Growth of Residential Neighbourhoods in American Cities. Washington D. C.

Ibem, E. O. (2009). Community-led Infrastructure Provision in Low-income Urban Communities in Developing Countries: A Study on Ohafia, Nigeria. *Cities, 26* (3), 125-132. Doi:10.1016/j.cities.2009.02.001.

Infrastructure Development Finance Company Limited [IDFCL]. (2006). *India Infrastrcuture Report 2006.* Nova Deli, Índia: Oxford University Press.

Agência Internacional da Energia [AIE]. (2014). Perspectivas energéticas em África: A Focus on Energy Propspects in Sub-Sahara Africa. Recuperado em 16 de maio de 2016, de www.iea.org.

Jaiyeoba, O. S. (2017). Um estudo da privação urbana em assentamentos fronteiriços dos estados de Lagos e Ogun, Nigéria. Dissertação de Mestrado apresentada ao Departamento de Planeamento Urbano e Regional, Universidade Obafemi Awolowo, Ile Ife, Nigéria.

Jinadu, A. M. (2006). Padrões de interação das povoações no Território da Capital Federal (FCT): Implicação para o planeamento do desenvolvimento físico. *Jornal do Instituto Nigeriano de Planeadores Urbanos.* 19 (1) 67 -86.

Kadiri, O. e Jagboro, F. (2015). Implicações da adoção de parcerias público-privadas para o desenvolvimento de infra-estruturas na Nigéria. *Journal of Sustainable Development.* 8 (9) 81-99. Doi.org/10.5539/jsd.

Kain, J. F. e Quigley, J. M. (1970). Measuring the Value of Housing Quality. *Journal of the American Statistical Association.* 65 (330) 532 - 548.

Kim, K. (2021). Analisando os déficits de infraestrutura da Indonésia de uma perspetiva desenvolvimentista. Competição e Mudança 2 (1) 1 - 28. DOI: 10.1177/10245294211043355. Journals Sagepub.com/home/cch.

Luthi, C. (2012). Abordagens de Planeamento de Saneamento Ambiental de Base Comunitária para o Sul: The Household-Centred Approach. Acedido online a 13 de janeiro de 2012 em http://opus.kobv.de/tuberlin/volltexte/2012/3692/pdf/luethi christoph.pdf

Mabogunje, A. L. (1968). Urbanisation in Nigeria. Londres: University of London Press.

Macqueen, K. (2010). O papel dos Conselhos Consultivos Comunitários: Involving

Communities in the informed Consent Process (Envolvimento das Comunidades no Processo de Consentimento Informado). Community-Based Participatory Research. *Jornal Americano de Saúde Pública*, 91 (12), 1929-1938.

Mesquita, D. F., Nasciemnto C. A., Verônica P., e Lima, P.S. (2020). Renda e acesso à infraestrutura em domicílios rurais no Nordeste, Brasil. *Revista Internacional de Pesquisa em Desenvolvimento*. 10 (08) 39221-39228. Doi.org/10.37118/ijdr.19750.08.2020.

Mobolaji D., Daramola, O., e Olowoporoku, O. (2022). Narrativas dos residentes sobre a qualidade ambiental na região metropolitana de Lagos, Nigéria. *Environmental Problems Journal. 7* (4) 188-195. https://doi.org/10.23939/ep2022.04.188

Mohammed, A. I. (2011). Avaliação do saneamento ambiental no contexto urbano da cidade de Dukem, Etiópia. Uma tese de mestrado apresentada ao Departamento de Estudos de Saúde da Universidade da África do Sul.

Gabinete Nacional de Estatística (2009). Infrastructure Delivery in Nigeria. Resumo das Estatísticas, Governo Federal da Nigéria (pp. 66 - 99).

Gabinete Nacional de Estatística (2021). Infra-estruturas da Nigéria. Inquérito Geral aos Agregados Familiares, Governo Federal da Nigéria (pp. 1 - 12).

Nwachukwu, M. W., Ezedinma, N. F., e Jiburum, U. (2014). Análise comparativa do consumo de eletricidade entre os sectores residencial, comercial e industrial da economia da Nigéria. *Jornal de Tecnologias e Políticas Energéticas, 4* (3) 7-13.

Obateru, O. I. (2004). Controlo do Desenvolvimento e Normas de Planeamento. Em T. Agbola (ed.), Readings in Urban and Regional Planning, 129-136. Ibadan: Macmillan.

Obayelu A. E, Olarewaju T.O., e Oyelami N. L. (2014). Efeito da Infraestrutura Rural na Rentabilidade e Produtividade no Estado de Ogun, Nigéria. Journal of Agricultural Sciences. 59 (2); 187-200. DOI: 10.2298/JAS1402187O

Obokoh, L.O., e Geoff-Goldman, G. (2016). Deficiência de infra-estruturas e o desempenho das pequenas e médias empresas na economia liberalizada da Nigéria. *Ata Commercia - Revista de Investigação Independente em Ciências de Gestão*. Doi. org/10.4102/ac.v16i1.339

Odunola O.O., Morenikeji, T. O., Odunsi, O. M., Alabi T. A., e Adeoye, D. O., (2017). *Atitude dos residentes em relação à manutenção de infra-estruturas de construção na Área de Governo Local de Ogbomoso South do Estado de Oyo*. Planeamento e Gestão do Desenvolvimento de Infra-estruturas Sustentáveis na Nigéria; Em R. B. Ibrahim e A. B., Muili num Livro de Leitura em Honra do Professor Tanimowo.

Odunsi, M., O. (2020). Resiliência das famílias a desastres de inundação no estado de Lagos, Nigéria. Tese de doutoramento apresentada ao Departamento de Planeamento Urbano e Regional, Universidade Obafemi Awolowo, Ile Ife, Nigéria.

Ogunniyi, T., Adepoju, A. e Olapade-Ogunwole, F. (2012). Padrão de consumo de energia das famílias na metrópole de Ogbomoso, Estado de Oyo, Nigéria. *Jornal Continental de Economia Agrícola*, 6 (1) 10 - 16

Ogwumike, F. O., Uchechukwu, M., Ozughalu, U. M., e Abiona, G. A. (2014). Uso de energia doméstica e determinantes: Evidence from Nigeria. Revista Internacional de Economia e Política Energética. 4 (2); 248 - 262.

Ola, A. B. e Adewale, O. Y. (2014). Entrega de infra-estruturas nas cidades nigerianas: O caso de Osogbo, Estado de Osun. *Investigação em Ciências Humanas e Sociais,* 4 (3) 49 - 60.

Olatubara, C. O. e Fatoye, E. O. (2006). Residential Satisfaction in Public Housing Estates in Lagos State, Nigeria (Satisfação Residencial em Conjuntos Habitacionais Públicos no Estado de Lagos, Nigéria). *Journal of the Nigerian Institute of Town Planners*, 19 (1) 103-124.

Olawuni, P. O. (2007). Accessibility to Water Supply and Sanitation Practices in Osogbo, Osun State, Nigeria (Acessibilidade ao Abastecimento de Água e Práticas de Saneamento em Osogbo, Estado de Osun, Nigéria). *Journal of Land Use and Development Studies.* 3 (1) 146 - 154.

Omole, F, K. (2010). Uma Avaliação das Condições de Habitação e da Vida Socioeconómica. *Contemporary Management Research*, 6(4) 273-290.

Onibokun, A. G. (1985). Urbanisation in the Emerging Nations: A Challenge for Pragmatic Comprehensive Regional Planning. Em Onibokun, A. G. (Ed), *Housing in Nigeria.* A Book of Reading. *Instituto de Investigação Social e Económica da Nigéria*, 5 - 18.

Owolabi, B. O. (2017). Acesso das famílias a instalações melhoradas de água e saneamento no Estado de Ondo, Nigéria. *Revista Internacional de Investigação em Ciências Ambientais*, 3 (3) 43-62 DOI: http://dx.doi.org/10.20431/2454-9444.0303005.

Oyedepo, S. O. (2012). Energia e desenvolvimento sustentável na Nigéria: o caminho a seguir. *Energia, Sustentabilidade e Sociedade*, 2 (15) 1 - 17.

Patryniak, O. (2016). Medição da Resiliência Urbana: An Approach Guide and Training curriculum. IWA Publishing, EUA.

Popoola, A., Magidimisha-Chipingu, H., Chipungu, L., Adeleye, B., Akogun, O., e Medayese, S. (2021). *Estresse hídrico doméstico, adaptação e resiliência em algumas comunidades periurbanas e rurais selecionadas do estado de Oyo, Nigéria.* A 14ª Conferência do Ambiente Construído da ASOCSA. Conferência IOP, Série: Earth Environmental Sciences. Doi:10.1088/1755-1315/654/1/012006.

República do Mali. (2007). Enquete Legere Integree Aupres Des menages- *Housei*, 1-3. Banco Mundial, União Europeia. Mimeo.

Rosii, A., Menna, C., Asprone, D., Jalayer, F., e Manfredi, G. (2012). Resiliência socioeconómica da comunidade de L'Aquilla no rescaldo do terramoto de 2009. Trabalho apresentado na 15ª Conferência Mundial de Engenharia Sísmica, Lisboa, Portugal.

Sarkar, B., Banerji, H., e Sen, J. (2014). Patterns of Socio-Economic Deprivation and its impact on Quality of life: Case of a Less Developed Region in West Bengal, India (Caso de uma região menos desenvolvida em Bengala Ocidental, Índia). *Athens Journal of Health,* 1(4) 271-285.

Stewart, J. (2010). *"The UK National Infrastructure Plan 2010"*, Documentos do Banco Europeu de Investimento: Public and Private Financing of Infrastructure.

Sulivan, I. O. e Sheffrin, L. J. (2003). Economic Principles in Action, Pearson Hall, New Jersey, Estados Unidos da América.

Tchobanoglous, G. Theisen, H. e Vigil, S. (1993). Gestão Integrada de Resíduos Sólidos: Engineering Principles and Management Issues. McGraw-Hill, Inc.

Torrisi, G. (2009). Infra-estruturas públicas: Definition, Classification and Measurement Issues in Italy: Arquivo Pessoal RePEc de Munique (MPRA). Recuperado de http://mpra.ub.uni-muenchen.de/12990/

Torrisi G. (2010). Infrastructure and Economic Performance: A Critical Comparison Across Quatro abordagens, investigação teórica e prática nos domínios económicos. Associação para a Educação, Investigação e Ciência Sustentáveis, 1(1)10 - 24.

Toyobo, A. E. (2014). Acesso residencial ao abastecimento de água de furos na área do governo local de Ogbomoso North, estado de Oyo, Nigéria. 1 (2): 16 - 23.

Udoka, I. S. (2013). Os imperativos da provisão de infra-estruturas e a melhoria dos valores imobiliários na Nigéria. *Revista Mediterrânica de Ciências Sociais.* 4 (15); 91 - 112.

Doi:10.5901/mjss. 2013.v4n16p21.

PNUA. (2005). Saneamento ambiental e participação comunitária: Enhancing Local Programmes. Publicado pelo Programa das Nações Unidas para o Ambiente. Acedido em linha em junho de 2022 em http://www.unep.or.jp/ietc/kms/data/1459.pdf

PNUA. (2007). Perspectivas do Ambiente Mundial. Ambiente para o Desenvolvimento. Nairobi: Programa das Nações Unidas para o Ambiente.

ONU-Habitat. (2003). Water and Sanitation in the World's Cities: Local Action for Global Goals. Londres; Earthscan Publications Limited.

ONU-Habitat. (2008). *Estado das Cidades do Mundo 2008/2009: Cidades Harmoniosas.* Londres: Earthscan.

ONU-Habitat. (2013). *Portfólio de serviços urbanos básicos.* Quénia: UN-Habitat.

ONU-Habitat. (2013a). *Estado das cidades do mundo, 2012/2013: Prosperidade das cidades.* Nairobi, Quénia: Nações Unidas.

ONU-Habitat. (2014). *53 Projetos de Modelos - É hora de pensar o urbano.* Nações Unidas.

UNICEF. (2000). *Global Water Supply and Sanitation Assessment 2000 Report.* Genebra: Organização Mundial de Saúde.

Agência dos Estados Unidos para o Desenvolvimento Internacional [USAID]. (2013). The Resilience Agenda: Measuring Resilience in USAID. USAID, Washington.

Upton, J., Tennant, E., Fiorella K. J., e Barrett, C. B. (2021). COVID-19, Resiliência das Famílias e Sistemas Alimentares Rurais: Evidências da África Austral e Oriental. Capítulo no Livro de Christophe e Stephen Devereux: Resiliência e Segurança Alimentar num Contexto de Sistema Alimentar.

Uzoh, A. B. (2013). Melhoria das Infra-estruturas Críticas para o Desenvolvimento Sustentável na Nigéria para a Realização da Visão 20:2020. *Revista Internacional de Investigação e Investimento em Desenvolvimento Económico, 4(2) 81 - 99.*

Vivien, F., e Pushak N. (2011). Infra-estruturas da Nigéria: Uma Perspetiva Continental. *Relatório do Diagnóstico de Infra-estruturas em África (AIC).* Uma publicação do Banco Mundial. Documento de Trabalho de Investigação Política.

Walker, B., Abel, N., Anderies, J., e Ryan, P. (2009). Resiliência, Adaptabilidade e Transformabilidade na Bacia Hidrográfica de Goulburn-Broken, Austrália. *Ecology and Society*, 14 (1) 12 - 26. http://www.ecologyandsociety.org/vol14/iss1/art12.

OMS. (2000). Relatório do Sector de Abastecimento de Água e Saneamento Ano 2000 Avaliação Regional Africana. Harare. Escritório Regional da Organização Mundial da Saúde.

OMS. (2003). Quantidade, serviço, nível e saúde da água doméstica. Organização Mundial de Saúde. http://apps.who.int/iris/bitstream/10665/67884/1/WHO_SDE_WSH_03.02.pdf

OMS. (2015). Investir na água e no saneamento: Aumentar o Acesso, Reduzir a Desigualdade.
Http://apps.who.int/iris/bitstream/10665/143953/2/WHO_FWC_WSH_14.01_eng.

OMS e UNICEF. (2000). Relatório de Avaliação Mundial do Abastecimento de Água e Saneamento 2000. Organização Mundial de Saúde. www.who.int/water-sanitation-health/monitoring/jmp2000.pdf

Banco Mundial. (2004). Urban Basic Services in cities of the World (Serviços básicos urbanos em cidades do mundo). Banco Mundial, Washington, EUA

Grupo do Banco Mundial. (2015). Financiamento para o desenvolvimento no pós-2015. Banco Mundial.

Panorama energético mundial (2021). Perspectivas de acesso à energia: Relatório Especial das

Perspectivas Energéticas Mundiais, 2021.
Wu, Q., Cheng, J., Chen, G., Hammel, D. J., e Wu, X. (2014). Socio-Spatial Differentiation and Residential Segregation in the Chinese City Based on the 2000 Community-Level Census Data: A Case Study of the Inner City of Nanjing. *Cities, 39*, 109-119. doi:http://dx.doi.org/10.1016/j.cities.2014.02.011
Yoade, O. Y. (2019). Entrega de infraestruturas das famílias em Osogbo, Nigéria. *Jornal de Investigação de Donnish*, 5 (2) 1 - 26.

APÊNDICE

DEPARTAMENTO DE PLANEAMENTO URBANO E REGIONAL
FACULDADE DE CONCEPÇÃO E GESTÃO AMBIENTAL
OBAFEMI AWOLOWO UNIVERSITY, ILE-IFE, NIGÉRIA

Título da investigação: Resiliência dos agregados familiares ao défice de infra-estruturas em Ogbomoso, Nigéria

Caro inquirido,

Este questionário é estritamente académico e destina-se a obter informações para um trabalho de investigação sobre o tema acima referido. Solicita-se que forneça informações adequadas. Todas as informações fornecidas serão consideradas confidenciais. Obrigado.

Consentimento: Por favor, assinale a caixa se quiser participar neste estudo

Section A: Características sócio-económicas do inquirido

1) Endereço da área:
2) Nome da administração local:
3) Sexo: (a) Masculino ( ) (b) Feminino ( )
4) Estado civil: (a) Solteiro ( ) (b) Casado ( ) (c) Viúvo ( ) (d) Divorciado ( )
5) Qual é o seu nível de ensino mais elevado: (a) Primário ( ) (b) Secundário ( ) (c) Superior ( )
6) Idade na data do último aniversário:
7) Há quanto tempo está nesta zona?
8) Profissão:
9) Rendimento mensal (em nairas)
10) Número de agregados familiares na sua casa:
11) Tipo da sua casa? (a) Frente a frente ( ) (b) Blocos de apartamentos ( ) (c) Duplex ( )
12) Posse da casa: (a) Proprietário-ocupado ( ) (b) Arrendado ( ) (c) Propriedade familiar ( )

Section B: Nível do défice de infra-estruturas das famílias

(13) Tem alguma fonte de abastecimento de água na sua casa? (a) Sim (b) Não

(14) Em caso afirmativo, qual é a fonte de abastecimento de água? (a) Água canalizada com várias torneiras (b) Canalização pública (c) Furo com bombas manuais (d) Poço (e) Outros (especificar)

(15) Se não, como é que se abastece de água? (a) Da casa do vizinho (b) Do rio mais próximo (c) Quando chove (d) Outros

(16) Quantos minutos são necessários para obter água da sua fonte principal?

(17) Qual é o volume de água (em litros) consumido por uma pessoa do seu agregado familiar por dia? (a) Menos de 50 litros (b) 100 - 150 litros (c) 150 - 200 litros (d) Mais de 200 litros

(18) Tem casa de banho em sua casa? (a) Sim (b) Não

(19) Em caso afirmativo, que tipo de retrete utiliza em sua casa? a) Retrete com autoclismo b) Latrina ventilada de fossa melhorada (VIP) c) Latrina de fossa com laje d) Latrina de balde e) Outros (especificar)

(20) Se não, onde vai à casa de banho? (a) Casa de banho pública (b) No ribeiro mais próximo (c) Na sarjeta

(d) Na casa do vizinho (e) Outro (Especificar)

(21) Tem lavatório na casa de banho? (a) Sim (b) Não

(22) Como avalia a casa de banho utilizada pelo seu agregado familiar? (a) Muito boa (b) Boa (c) Razoável (d) Má (e) Muito má

(23) A sua casa de banho tem um lavatório para lavar as mãos com sabão? (a) Sim (b) Não

(24) Você e os membros do seu agregado familiar lavam as mãos com sabão depois de irem à casa de banho? (a) Sim (b) Não

(25) Há ocorrências de defecação a céu aberto por crianças à volta da sua casa? (a) Sim (b) Não

(26) Em caso afirmativo, quais são as razões que podem ser responsáveis por este facto? (a) Número inadequado de sanitários (b) Mau estado dos sanitários (c) Falta de cuidados adequados (d) Outros (Especificar)

(27) Tem esgotos/calhas em casa? (a) Sim (b) Não

(28) Em caso afirmativo, que tipo de escoamento existe na sua casa? a) Escoamento canalizado b) Escoamento coberto c) Escoamento aberto

(29) Em caso negativo, como elimina as águas residuais da sua cozinha e casa de banho? (a) No espaço aberto (b) Numa fossa (c) Outra (especificar)

(30) Como avalia o estado do esgoto? (a) Muito bom (b) Bom (c) Razoável (d) Mau (e) Muito mau

(31) Tem uma fonte de iluminação em sua casa? (a) Sim (b) Não

(32) Em caso afirmativo, qual é a fonte de iluminação? (a) Eletricidade (b) Painel solar (c) Inversor (d) Outros (especificar)

(33) Em caso negativo, qual é a fonte de iluminação? (a) Lanterna (b) Lâmpada carregável (c) Lâmpada carregável

(e) Lanterna (e) Outros (especificar)

(f)

(34) O que utiliza para cozinhar em sua casa? (a) Biomassa (b) Aparelhos eléctricos (c) Outros (especificar)

Secção C: Impacto do défice de infra-estruturas das famílias

(35) Por favor, classifique o nível de gravidade do impacto do défice de infra-estruturas domésticas no seu agregado familiar e na sua área residencial utilizando os atributos do quadro seguinte.

(Nota: NSA - Nada Grave, NS - Pouco Grave, M - Moderado, S - Grave, VS- Muito Grave)

Impacto		NSA	NS	M	S	VS
Abastecimento de água						
i.	Escassez na utilização da água					
ii.	Cozinhar de forma inconsistente					
iii.	Reduz o nível de ingestão de água					
iv.	Banho inconsistente					
v.	Diminuição da assiduidade e da pontualidade escolar					
vi.	Custo elevado do abastecimento de água					
Saneamento						
vii.	Descarga de águas residuais na zona envolvente					
viii.	Defecação a céu aberto à volta da casa					

ix.	Má higiene ambiental					
Recolha de resíduos						
x.	Resíduos sólidos que sujam os arredores					
xi.	Redução das saídas					
Fornecimento doméstico de energia						
xii.	Custo elevado da energia doméstica					
xiii.	Reduz o valor da propriedade					
xiv.	Incapacidade de utilizar aparelhos eléctricos					
xv.	Sentimento de insegurança devido à falta de iluminação					
xvi.	Calor persistente					
xvii.	Iluminação inconsistente					

Secção D: Nível de capacidade dos agregados familiares para absorver, adaptar-se e transformar-se do impacto do défice de infra-estruturas

(36) Por favor, classifique o nível de concordância com a capacidade do seu agregado familiar e da sua comunidade para absorver, adaptar-se e transformar-se do impacto do défice de infra-estruturas do agregado familiar.

(Nota: SD - Discordo fortemente, D - Discordo, JA - Concordo apenas, A - Concordo, SA - Concordo fortemente)

Capacidade		SD	D	JA	A	SA
	Absorvente					
i.	Racionalizar a água potável					
ii.	Racionalizar a cozinha					
iii.	Redução do número de banhos					
iv.	Redução da limpeza de esgotos					
v.	Racionalizar o consumo de energia					
vi.	Despejo de resíduos na estrada ou no canal do rio					
vii.	Queima de resíduos sólidos no recinto					
	Adaptação					
viii.	Purificação da água					
ix.	Armazenamento de água em contentor coberto					
x.	Recolha de água da chuva					
xi.	Dependência da prestação de serviços públicos					
xii.	Iluminação regulada da casa					
xiii.	Janela de abertura para ventilação e iluminação					
xiv.	Mudança de comportamento em matéria de saneamento ambiental					
xv.	Utilizar uma lâmpada recarregável					
	Transformar					

xvi.	Fornecimento de água por um fornecedor de água					
xvii.	Abastecimento de água por furos e poços					
	família					
xviii.	Abastecimento de água de furo pela associação de desenvolvimento comunitário					
xix.	Abastecimento de água de furos por particulares e organizações internacionais					
xx.	Donativo para a prestação de serviços comunitários					
xxi.	Depender exclusivamente do fornecimento de energia solar					
xxii.	Apelar ao apoio externo					
xxiii.	Contratação de um prestador de serviços privado					

MIX
Papier aus verantwortungsvollen Quellen
Paper from responsible sources
FSC® C105338

Printed by Books on Demand GmbH, Norderstedt / Germany